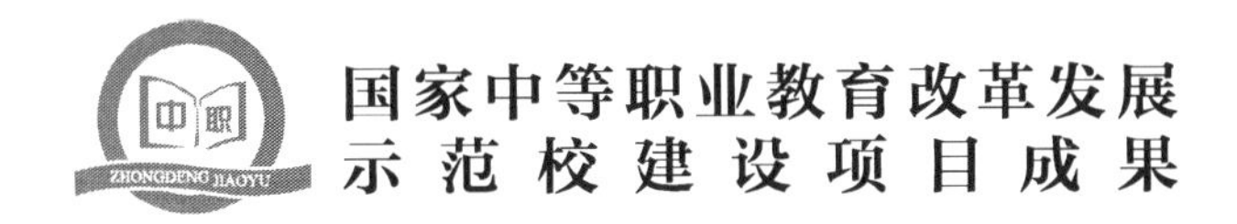

计算机组装与维护

jisuanji zuzhuang yu weihu

主　编　祝　捷

副主编　何万里

参　编　郭观棠　范辉军　徐楷祥

知识产权出版社

全国百佳图书出版单位

责任编辑：石陇辉　曹永翔　　　　　　　　　责任校对：韩秀天
文字编辑：张　冰　　　　　　　　　　　　　责任出版：卢运霞
封面设计：刘　伟

图书在版编目（CIP）数据

计算机组装与维护/祝捷主编．—北京：知识产权出版社，2013.7
国家中等职业教育改革发展示范校建设项目成果
ISBN 978-7-5130-2183-8

Ⅰ.①计…　Ⅱ.①祝…　Ⅲ.①电子计算机—组装—中等专业学校—教材②计算机维护—中等专业学校—教材
Ⅳ.①TP30

中国版本图书馆CIP数据核字（2013）第177228号

国家中等职业教育改革发展示范校建设项目成果
计算机组装与维护
祝　捷　主编

出版发行：知识产权出版社
社　　址：北京市海淀区马甸南村1号　　　　　　邮　　编：100088
网　　址：http：//www.ipph.cn　　　　　　　　邮　　箱：bjb@cnipr.com
发行电话：010—82000860转8101/8102　　　　　传　　真：010—82005070/82000893
责编电话：010—82000860转8175　　　　　　　 责编邮箱：shilonghui@cnipr.com
印　　刷：北京中献拓方科技发展有限公司　　　经　　销：新华书店及相关销售网点
开　　本：787mm×1092mm　1/16　　　　　　　印　　张：8.5
版　　次：2014年1月第1版　　　　　　　　　 印　　次：2014年1月第1次印刷
字　　数：193千字　　　　　　　　　　　　　 定　　价：28.00元
ISBN 978-7-5130-2183-8

序

根据《珠海市高级技工学校“国家中等职业教育改革发展示范校建设项目任务书”》要求，2011年7月至2013年7月，我校立项建设的数控技术应用、电子技术应用、计算机网络技术和电气自动化设备安装与维修4个重点专业，需构建相对应的课程体系，建设多门优质专业核心课程，编写一系列一体化项目教材及相应实训指导书。

基于工学结合专业课程体系构建需要，我校组建了校企专家共同参与的课程建设小组。课程建设小组按照“职业能力目标化、工作任务课程化、课程开发多元化”的思路，建立了基于工作过程、有利于学生职业生涯发展的、与工学结合人才培养模式相适应的课程体系。根据一体化课程开发技术规程，剖析专业岗位工作任务，确定岗位的典型工作任务，对典型工作任务进行整合和条理化。根据完成典型工作任务的需求，4个重点建设专业由行业企业专家和专任教师共同参与的课程建设小组开发了以职业活动为导向、以校企合作为基础、以综合职业能力培养为核心，理论教学与技能操作融合贯通的一系列一体化项目教材及相应实训指导书，旨在实现“三个合一”：能力培养与工作岗位对接合一、理论教学与实践教学融通合一、实习实训与顶岗实习学做合一。

本系列教材已在我校经过多轮教学实践，学生反响良好。可用做中等职业院校数控、电子、网络、电气自动化专业的教材，以及相关行业的培训材料。

珠海市高级技工学校

前　言

本书是计算机网络技术专业优质核心课程“计算机组装与维护”的教材。课程建设小组以计算机维修工职业岗位工作任务分析为基础，以国家职业资格标准为依据，以综合职业能力培养为目标，以典型工作任务为载体，以学生为中心，运用一体化课程开发技术规程，根据典型工作项目和工作任务设计课程教学内容和教学方法，按照工作过程的顺序和学生自主学习的要求进行教学设计并安排教学活动，共设计了7个工作项目，每个工作项目下设计了相应的学习任务。通过这些学习任务，重点对学生进行计算机维修行业的基本技能、岗位核心技能的训练，实现“学习的内容是工作，通过工作实现学习”的工学结合课程理念，最终达到培养高素质技能人才的培养目标。

本书由我校计算机应用与维修专业相关人员与天维计算机有限公司、珠海科蓉公司等单位的行业企业专家共同开发、编写完成。本书由祝捷担任主编，何万里担任副主编，参加编写的人员有郭观棠、范辉军、徐楷祥。全书由祝捷统稿。

由于时间仓促，编者水平有限，加之改革处于探索阶段，书中难免有不妥之处，敬请专家、同仁给予批评指正，为我们的后续改革和探索提供宝贵的意见和建议。

编　者

目　　录

项目一 选购计算机配件

小黄一直想自己组装一台计算机，但不知从何处下手，决定拜老杨为师。老杨看小黄很诚恳，便收下了这位爱徒，并告诉他组装一台计算机首先要选购计算机配件，千万别小看选购计算机配件，其中有很多知识需要学习。

任务一 选购合适的 CPU

【任务要点】

- CPU 性能指标
- 认识当前流行的 CPU
- 选购 CPU 的技巧

【任务分析】

老杨告诉小黄，中央处理器俗称 CPU，决定着一台计算机的运算能力与潜力，所以有计算机大脑的称谓。要想选购一款合适的 CPU，必须了解 CPU 性能指标、认识当前流行的 CPU 以及选购 CPU 的技巧。

【任务实现】

1. CPU 性能指标

■ 主频

主频也叫时钟频率，用来表示 CPU 的运算、处理数据的速度。

■ 外频

外频是 CPU 的基准频率，CPU 的外频决定着整块主板的运行速度。

■ 前端总线（FSB）频率

前端总线（FSB）频率（总线频率）直接影响 CPU 与内存直接数据交换速度。

■ 缓存

缓存大小是 CPU 的重要指标之一，缓存的结构和大小对 CPU 速度的影响非常大，缓存现在包括 L1、L2、L3。

■ 多线程

多线程技术可以为高速的运算核心准备更多的待处理数据，减少运算核心的闲置时间。

■ 多核心

多核处理器可以在处理器内部共享缓存，提高缓存利用率，同时简化多处理器系统设计的复杂度。

注意：并不是说核心越多，性能越高，比如说16核的CPU就没有8核的CPU运算速度快，因为核心太多，而不能合理进行分配，所以导致运算速度减慢。在买计算机时应酌情选择。

2. 认识当前流行的CPU

当前主流CPU有：

■ 英特尔

赛扬双核：E3200、E3300；

奔腾双核：E5300、E5500、E6300；

酷睿2双核：E7200、E8200、E8400；

酷睿2四核：Q8200、Q8400；

I系列：双核I3 530、I3 540、四核I5 750、六核I7 980X等。

■ AMD

双核系列：速龙2 X2 240、X2 245、X2 250；

三核系列：速龙2 X3 445等；

四核系列：速龙2 X4 620、X4 640等；

六核系列：羿龙2 X6 1050T、X6 1090T等。

3. 选购CPU的技巧

目前入门级双核处理器的价格已经十分便宜，如果预算不是特别紧张，建议直接进入四核时代，毕竟越来越多的应用软件的设计开始对多核处理器进行优化。微软明确表示在Windows 7下采用多核心处理器效果会更好。如果预算比较紧张，攒机的用途又只是日常办公、处理文档、收发邮件，选购入门级双核处理器就足够使用了。

■ Intel处理器介绍

由于目前Intel处理器存在不同架构的产品，因此Intel处理器的选购稍显复杂，Intel处理器分为四档：

（1）700元以下价位。这个档次的处理器包括奔腾E、酷睿E以及第一代酷睿i系列的酷睿i3处理器。这一档次的Intel处理器值得购买的首推酷睿i3 530（见图1-1）。

（2）700～1000元价位。这个价位段最值得关注的是酷睿Q8300（见图1-2）。

图1-1

图1-2

（3）1000～1500元价位。这个价位段推荐的是酷睿i5 750和酷睿i5 760，它们是新一代32nm工艺四核产品里比较突出的两款（见图1－3）。

（4）1500元以上应该是高端和发烧级用户多关注的了，需要注意的是这个档次的产品架构分为1156和1366两种不同接口，它们的代表作分别是酷睿i7 8系列和酷睿i7 9系列。其中酷睿i7 870和酷睿i7 920是市场中销量不错的高端处理器产品。

图1－3

■ Intel处理器购买注意事项

不要只看频率，而应以架构（见图1－4）为先。现在的Intel处理器主频相差并不大，性能不是由主频高低完全决定。比如：奔腾E双核和同样是酷睿双核的酷睿i3 530对比，后者性能远强于前者，这里架构是至关重要的因素，后者采用了短流水线、低频率、低功耗、高性能的设计。

■ AMD处理器介绍

经过多年的竞争，在PC市场上的CPU品牌只剩下Intel和AMD两家了（见图1－5）。以公司规模来说，Intel比AMD大得多，我们经常看到Intel的创意广告，所以即使不了解计算机的朋友，大多都知道Intel以及它旗下的酷睿系列处理器，导致大家非Intel产品不选。

图1－4

图1－5

AMD名气虽然小一些，但能与Intel竞争这么多年，产品上必然有其过人之处，同价位CPU性价比更高，就是AMD主打的策略。

■ AMD处理器购买注意事项

在入门级双核处理器中，AMD AthlonII X2 250处理器（见图1－6）是首推产品，它的性能表现稳定而且高效，最重要的是价格合适，它采用65nm工艺，主频为3.0GHz，即便玩游戏也能发挥其速度快的作用。

图1－6

【高手指点】

选择 CPU 有三个方面需要考虑：一是考虑购买计算机的用途，二是考虑 CPU 主频和核心的性能，三是考虑 CPU 的包装方式和售后服务。

【任务检测】

（1）试说明 CPU 的作用。

（2）试举出几种目前流行的 CPU。

（3）购买 CPU 应注意什么？

任务二　选择合适的主板

【任务要点】

- 主板的主要性能指标
- 主板的主流产品
- 选购主板的技巧

【任务分析】

老杨告诉小黄，主板是计算机中最重要的部件之一，计算机中的其他部件都以各种形式与主板相连。主板的类型和型号很多，合理选用主板，对计算机的性能会有很大的影响。要想选购一款合适的主板，必须了解主板性能指标、认识主板的主流产品、掌握选购主板的技巧。

【任务实现】

1. 主板的主要性能指标

■ 芯片组

芯片组是决定主板性能的最重要因素。

■ 前端总线频率

前端总线（FSB）频率（总线频率）直接影响 CPU 与内存直接数据交换速度。

■ 主板的 Cache

Cache 是实现“预处理”操作的一种特殊存储器。主板上通常也会提供 256KB～2MB 的高速缓存。

■ 集成功能

主板的集成功能是整合型主板独有的功能设计。它通常把一些扩展卡，如显卡、声卡、网卡等直接做在主板上。带有集成功能主板的优势体现在价格经济实惠、各设备间兼容性好、不用专门安装相关部件的驱动程序等几个方面。

■ 安全设计

主板的安全主要体现三个方面：电压、温度、防病毒。电压不稳会损坏主板上的元器件。为避免烧坏主板上的元器件，必须要为主板散热。主板上的BIOS也是重点保护的对象，因为病毒容易侵入其中并破坏信息。

2. 主板的主流产品

■ APU主板 华硕F1A55-MLE（见图1-7）

优点：性价比非常高，全固态电容；

缺点：扩展性略微一般；

适用人群：一般家用。

图1-7

华硕F1A55-MLE主板采用Micro-ATX版型设计，基于最新A55单芯片组，专为Socket FM1接口Llano处理器设计。主板搭载了华硕独家双智能处理器，EPU智能节能处理器和TPU智能加速处理器，可以轻松提升系统性能，同时降低不必要的电能损耗。

■ 技嘉GA-Z68P-DS3（见图1-8）

优点：精良做工，用料奢华；

缺点：不支持USB 3.0；

适用人群：中端DIY玩家家用。

技嘉GA-Z68P-DS3基于Z68芯片组设计，超频性能更强，并且支持视频输出以及Smart Response技术，能够提高硬盘性能。

图 1－8

■ ECS 精英 A75F－A（见图 1－9）

优点：全功能、全固态，低调、深沉的黑白灰外观；

缺点：暂无；

适用人群：中端 DIY 玩家家用。

采用了标准的 ATX 设计，APU 采用了 4 相供电设计，SATA 接口方面提供 5 个 SATA 6Gbps 接口。

图 1－9

■ 梅捷 SY－APU－E35（见图 1－10）

优点：节能省电，做工一流；

缺点：玩游戏散热略差；

适用人群：追求多重娱乐性能的游戏玩家。

梅捷 SY－APU－E35 采用 M－ATX 板型设计，拥有全固态电容设计，主板集成 E350 1.6GHz 主频的双核 APU，并且集成了 Radeon HD 6310 高清显示核心，支持 DX11 特效，支持 UVD3.0。平台功耗仅为 18W，是组建 HTPC 的最佳选择之一。

图 1－10

■ 昂达 A75T 魔固版（见图 1－11）

优点：高规格配置；

缺点：暂无；

适用人群：中低端玩家。

图 1－11

该产品在做工用料方面，采用高规格全固态电容以及封闭电感，与同类产品相比，豪华的做工以及低廉的价格让其成为卖场性价比最高的一款。

3. 选购主板的技巧

主板性能的好坏直接影响了整台计算机的性能，因此选购主板时应该十分的慎重。

（1）要看实际需求和应用环境。

用户应按自己的实际需求选购主板。此外要看应用环境，因为它对于选择主板尺寸、支持 CPU 性能等级及类型、需要的附加功能都会有一些影响。

（2）要看品牌。

主板是一种高科技、高工艺融为一体的集成产品，因此作为选购者来说，应首先考虑“品牌”。一个有实力的主板厂商，为了推出自己的品牌的主板，从产品的设计、选料筛选、工艺控制等，到包装运送都要经过十分严格的把关。

（3）要看芯片组。

作为主板的心脏，芯片组掌握着主板的一切性能，我们只需了解某款主板采用的是何种芯片组，就能大致得出它具有何种档次性能。

（4）要看升级潜力。

如果希望主板能最大限度地支持未来的处理器，那么理想的主板应该是采用了最新芯片组的主板。因为最新的芯片组具有最大的延伸性，未来的处理器至少能在这些芯片组支持下正常运行。

【高手指点】

一般来说，用固态电容的主板寿命会高过采用电解电容的主板。

【任务检测】

（1）____是目前市场上最常见的主板结构。

（2）目前主板上多使用____电源。

（3）主板的主要性能指标有哪些？

任务三　选购内存

【任务要点】

- 内存的性能指标
- 选购内存的技巧

【任务分析】

老杨告诉小黄，内存作为计算机重要配件之一，它是与 CPU 进行沟通的桥梁，主要用于暂时存放 CPU 中的运算数据，以及与硬盘等外部存储器交换的数据。由于计算机中所有程序的运行都是在内存中进行的，因此内存的性能以及稳定运行对计算机的影响非常大。

【任务实现】

1. 内存的性能指标

■ 内存的容量

内存容量是指该内存的存储容量，是内存的关键性参数。内存容量以 MB 或 GB 作为单位，一般是 2 的整次方倍，如 64MB、128MB、256MB、512MB、1GB、2GB 等。

■ 内存的频率

内存频率用来表示内存的速度，它代表着该内存所能达到的最高工作频率。内存主频是以 MHz（兆赫）为单位来计量的。

■ 存取速度（时间）TAC

内存进行一次完整的存取操作所需要的时间，单位为纳秒。该时间越小，速度越快。

■ CAS 的延迟时间（CL）

内存存取数据所需的延迟时间。

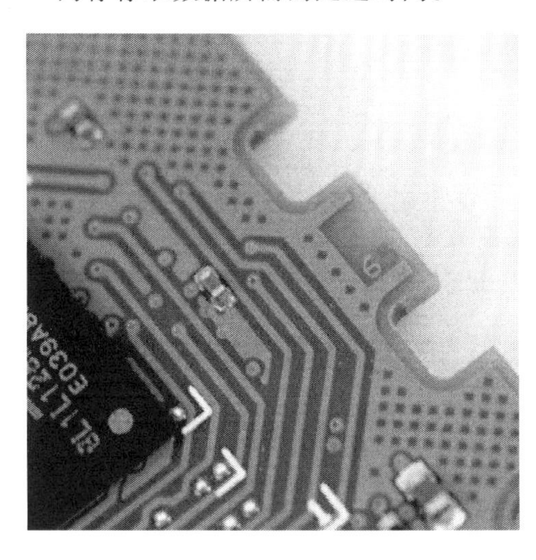

图 1-12

■ 内存工作电压

内存正常工作所需要的电压值。

■ 内存纠错和 ECC 校验

ECC（Error Checking and Correcting，错误检查和纠正）校验，简单地说，其具有发现错误、纠正错误的功能。

2. 选购内存的技巧

选购内存是一门学问，内存主要由内存颗粒、PCB 电路板、金手指等部分组成，其中内存颗粒是核心部分，PCB 板扮演重要角色。

■ PCB 电路板层数

PCB 电路板层数越多，其信号抗干扰能力越强，对内存稳定性越有帮助。内存 PCB 板分为 8 层、6 层 PCB 板（见图 1-12）。

■ 做工用料

正品内存的电路走线清晰分明、密集有序，走线所用的铜线较粗，且覆盖抗氧化涂层（见图 1-13）。

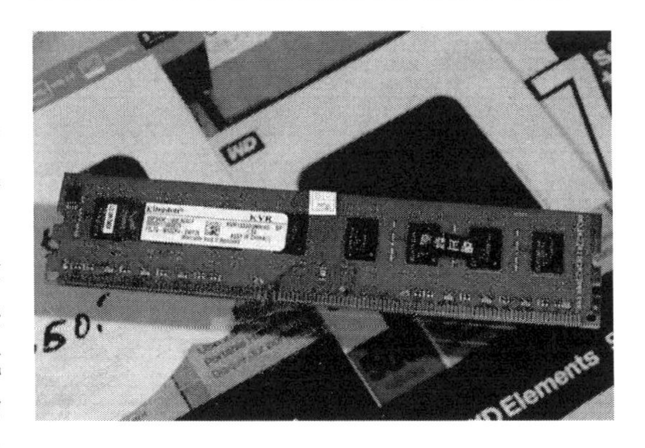

图 1-13

内存的 PCB 电路板下部为一排镀金触点，称为“金手指”。千万别小看这些金光闪闪的触点，如果其中有一根脱落或者氧化，就会造成一些故障隐患。厚重的镀金层不仅可以提供稳定的数据传输通道，同时还能达到出色的抗氧化的效果，从而进一步提升内存的稳定性。

■ 内存颗粒芯片

内存颗粒芯片是最重要的核心元件（见图 1－14），它的好坏直接影响到内存的品质和性能，尽量选择大厂生产出来的内存。

图 1－14

■ 识别内存的身份——标签

以图 1－15 中的内存为例，“9905471—009. AOOLF” 和 “0000005156044” 是出厂编号和生产编号，“KVR1333D3N9/4G” 是详细参数（见图 1－16）。

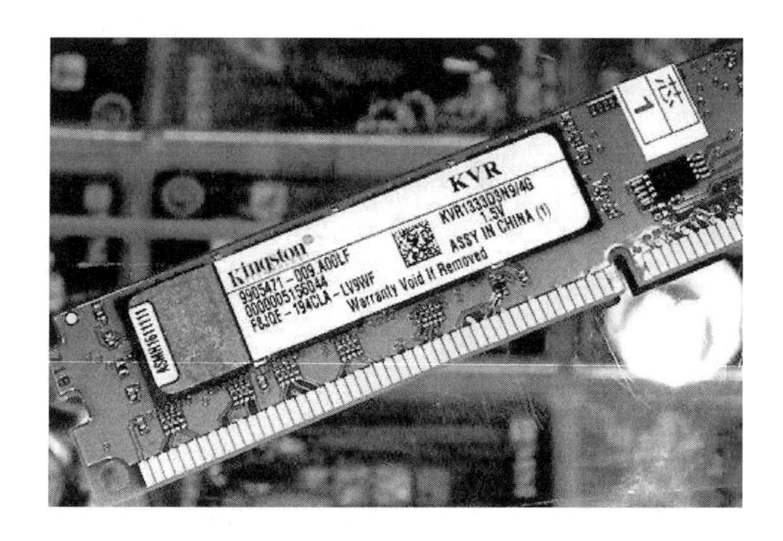

图 1－15

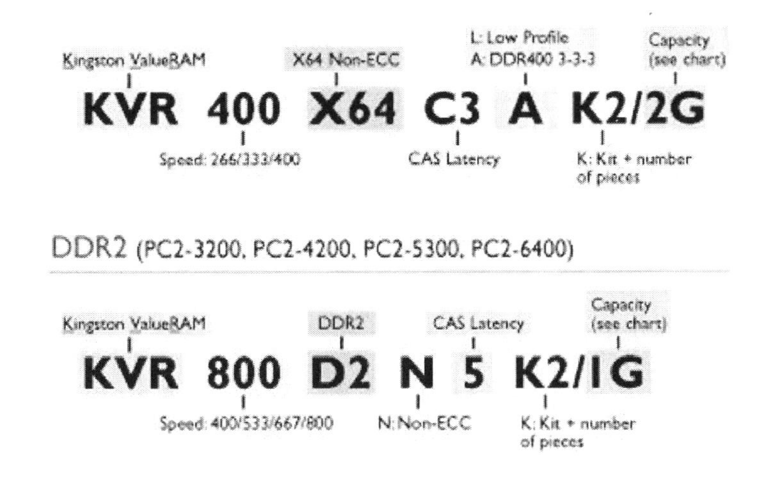

图 1－16

KVR 是金士顿的标示，全称为 Kingston 的 ValueRAM 系列内存产品；1333 代表频率，D3 指 DDR3 代内存；N 代表 Non－ECC 校验；9 代表 CL 延迟为 9；4G 代表单条 4GB 容量。

■ 金士顿真假内存判别

（1）看标签分辨真假（见图 1－17）。

图 1－17

两个在标签上的破绽，第一处是金士顿 R 型商标的微缩字体印刷，在注册商标“R”的周围应该清楚印着 Kingston 英文，而假内存模糊不清。另一处是标签内部的水印，假内存水印和 KINGSTON 字体衔接处都有明显的痕迹，明显是后印上去的。

（2）做工细节分辨真假。

看 PCB 板材质的好坏，看电阻电容等元件的排列是否整齐，看 PCB 板布线是否工整，焊接工艺是否良好，金手指是否光亮，颗粒是否清晰，等等（见图 1－18）。

图 1－18

【高手指点】

SPD 是内存中的一个重要角色。它里面存放着内存可以稳定工作的指标信息以及产品的生产厂家等信息。

【任务检测】

（1）目前市场上最常见的内存有哪些？

（2）怎样选购内存？

任务四　选购硬盘

【任务要点】

- 硬盘的性能指标
- 选购硬盘的技巧

【任务分析】

老杨告诉小黄，硬盘是计算机中重要的存储设备。它存放着用户所有的程序和数据，硬盘的稳定与否在某一方面也就决定着用户程序和数据的稳定与否。要想选购一款合适的硬盘，必须了解硬盘性能指标、认识硬盘的主流产品、掌握选购硬盘的技巧。

【任务实现】

1. 硬盘的性能指标

■ 接口类型

硬盘接口分为 IDE、SATA、SCSI、光纤通道和 SAS 五种，IDE 接口硬盘正逐步被

SATA 接口硬盘替代。

■ 容量

硬盘容量的单位为兆字节（MB）或千兆字节（GB），影响硬盘容量的因素有单碟容量和碟片数量。

■ 转速

转速越快传输速率就越高，市面上常见的有 5400 转和 7200 转两种主流硬盘。目前 7200 转硬盘和 5400 转硬盘之间的差价并不多，应尽量选择 7200 转硬盘。

■ 缓存

缓存是硬盘控制器上的一块内存芯片，具有极快的存取速度，它是硬盘内部存储和外界接口之间的缓冲器。

2. 选购硬盘的技巧

很多用户在购买硬盘时，往往不会像购买 CPU、主板、内存等产品那样认真参考对比，认为只要容量够大够用，就可以了。其实不然，虽说硬盘的容量是相当重要的，但其他参数也是不容忽视的。除容量以外，硬盘的缓存、接口类型以及单碟容量的大小，对硬盘的性能也有着直接的影响。

■ 缓存容量

硬盘的缓存类似于处理器的二级缓存，容量越大，则硬盘工作效率也就越快，性能越好。

■ 硬盘的单碟容量

单碟容量大可以减少硬盘磁头在各个盘片寻找数据的时间，从而也就大大提高了硬盘的读写速度。

■ 硬盘的质保

对于硬盘的售后服务和质量保障这方面，各个厂商做得还都不错，尤其是各品牌的盒装还为消费者提供三年或五年的质量保证。

【高手指点】

希捷 7200.12 1TB 硬盘（见图 1－19）的产品型号为 ST31000524AS，其中 ST 代表希捷，3 代表是 3.5 英寸桌面硬盘，1000 代表硬盘容量是 1000GB，524 代表双碟 64MB 缓存设计，AS 代表这块硬盘是 SATA 串口接口。

【任务检测】

（1）硬盘的主要性能指标有哪些？

（2）选购硬盘要注意哪些方面？

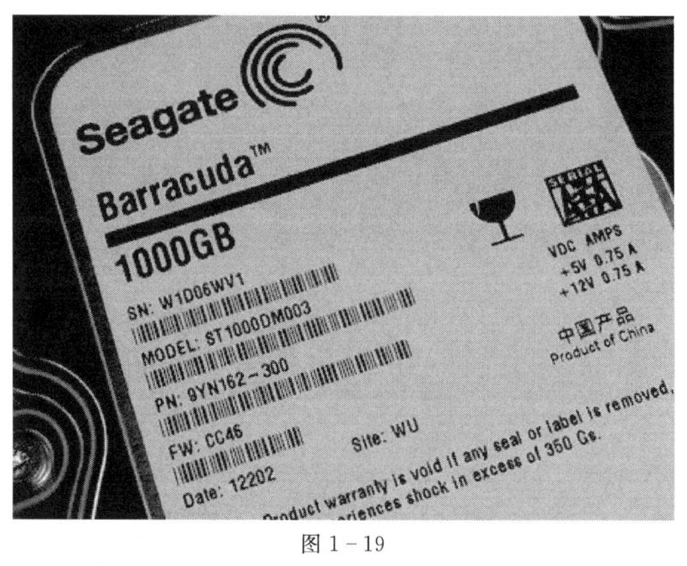

图 1-19

任务五　选购光驱/刻录机

【任务要点】

- 光驱/刻录机的性能指标
- 选购光驱/刻录机的技巧

【任务分析】

老杨告诉小黄，在多媒体技术蓬勃发展的今天，光驱/刻录机（见图 1-20）已成为一台个人计算机最基本的配置，要想选购一款合适的光驱，必须了解光驱性能指标、认识当前流行的光驱、掌握选购光驱的技巧。

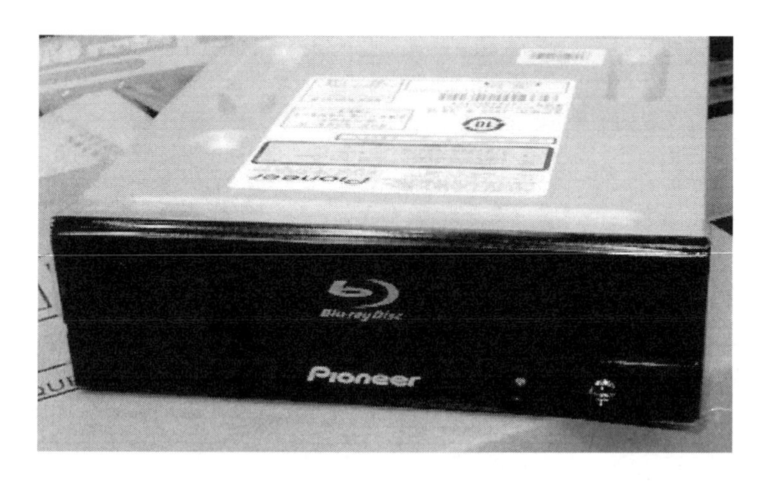

图 1-20

【任务实现】

1. 光驱/刻录机的性能指标

■ 光驱的接口类型

光驱的接口与硬盘的接口基本相同，也具有 ATA 接口和 SATA 接口。但按照发展趋势来看，SATA 接口的光驱必定会取代 ATA 接口的光驱，因此在选购时最好选择具有 SATA 接口的光驱。

■ 缓存

缓存容量对光驱的性能影响较大，缓存越大，则光驱读取光盘的稳定性就越好。目前普通的 DVD 光驱一般采用容量为 256～512KB 的缓存，而刻录机一般采用容量为 2～8MB 的缓存。

■ 数据传输率

光驱的数据传输率也就是通常所说的光驱的倍数。早期制定的 CD－ROM 标准把 150KB/s 的传输率定为 1X 倍速，随着光盘驱动器的传输速率越来越快，如今市场上的 CD－ROM 光驱的倍速一般都为 52X。DVD 光驱的转速和普通光驱是不同的，DVD 光驱的 1X 倍速约等于普通光驱的 8 倍速，现在的主流 DVD－ROM 的转倍速为 16X。

■ 纠错能力

纠错能力是指光驱对一些表面已经损坏的光盘进行读取时的适应能力。纠错能力强的光驱，能很容易跳过一些坏的数据区，而纠错能力差的光驱在读取这些区域时会感觉非常吃力，容易导致系统发生停止响应、死机等情况。

2. 选购光驱/刻录机的技巧

在购买光驱时，用户除了要根据实际需求选择 DVD 光驱或刻录机外，还应注意一些选购技巧。

■ DVD 光驱选购技巧

在选购 DVD 光驱时需要注意以下两点。

(1) 区码限制：为了防止盗版，DVD 光驱中加入了区位码识别机构，DVD 光盘也包含区位码。只有 DVD 光驱和光盘的区位码相同时，DVD 光驱才可读取 DVD 光盘中的数据。中国大陆的区位码为 6 区。

(2) 兼容多种格式：DVD 光驱支持多种光盘格式，除了 DVD－ROM、DVD－Video、DVD－R/RW、CD－ROM 等常见格式外，对 CD－R/RW、CD 以及其他格式（如 VCD）的光盘都充分支持。

■ 刻录机选购技巧

在选购刻录机时需要注意以下两点。

(1) 缓存：刻录光盘时，数据必须先写入缓存，刻录软件再从缓存中调用要刻录的数据；在刻录的同时，后续的数据需要不停地写入缓存，如果没有及时写入缓存，可能导致刻录失败。因此，缓存的容量越大，刻录的成功率就越高。

(2) 支持的刻录格式：支持的刻录格式越多越好，现在的 DVD 刻录机除了支持普通刻录机支持的刻录格式外，还支持 DVD－R、DVD＋R、DVD－RW 等格式的刻录光盘，这样用户可以根据需要选择不同的刻录盘。

■ 分辨光驱的真伪

分辨光驱的真伪主要有以下 3 个技巧。

（1）查看光驱的包装：正品光驱的包装盒上面有激光防伪标志和防伪电话号码，有质量良好的光驱保护泡沫、驱动程序光盘、未拆封的说明书、音频线、产品合格证和保修卡。

（2）查看光驱的外壳：正品光盘驱动器的表面无毛刺感，金属外壳有光泽，轻摇时内部无响声，光驱背面清晰地印着详细的技术参数和产品信息。

（3）用手掂量：光驱的机芯分为塑料和全钢两种，塑料机芯很容易老化，要选择能保证读取速度稳定和快捷的全钢机芯光驱，全钢机芯光驱比塑料机芯光驱重。

■ 纠错测试

尽量选择纠错能力强的产品，最好在购买时用几张质量不好的光盘测试光驱的纠错能力。

【高手指点】

对于内置刻录机，背部铭牌贴纸与光驱掀起处的封贴能保证我们一眼辨别新旧，拆开过的产品即使没有损坏贴纸，其产品贴纸处也有细微的揭起痕迹。

【任务检测】

（1）光驱的主要性能指标有哪些？

（2）选购光驱要注意哪些方面？

任务六　选购显卡

【任务要点】

- 显卡的主要性能指标
- 选购显卡的技巧

【任务分析】

老杨告诉小黄，显卡（见图 1－21）的基本作用是控制计算机的图形输出。多媒体应用中，显卡占据了越来越重要的位置。

合理地选用显卡，对计算机的性能会有很大的影响。要想选购一款合适的显卡，必须了解显卡性能指标、认识显卡的主流产品、选购显卡的技巧。

图 1 - 21

【任务实现】

1. 显卡的性能指标

影响显卡性能的主要参数有：显示芯片、显存、频率。

■ 显示芯片

显示芯片具有图形处理功能，它决定了显卡的档次和大部分性能。

■ 显存

显存是存储显示数据的芯片，它的大小直接影响到显卡可以显示的颜色多少和可以支持的最高分辨率。

■ 频率

显卡的频率主要指两个频率，一个是显示芯片的频率，另一个是显存的频率。对于显卡来说，单纯提高显示芯片频率或者单纯提高显存频率对显卡性能影响不大，所以选择显卡时两者都应考虑。

2. 选购显卡的技巧

■ 显卡型号不是数值越大越好

单纯从型号上看，GT520 似乎要比 GT430、GTS250 高，但实际情况却恰恰相反。

■ 应考虑显卡用途

根据需求选显卡，选什么档次显卡，只有适合自己的才是最好的。

■ 应考虑显卡做工、用料

做工、用料好的显卡有着共同的特性：板上布局清晰合理、电路细节井然有序。

【高手指点】

好的显卡有好的散热器，水冷散热只是很少数的散热器，对于显卡而言，大多数是散热片＋风冷模式。

【任务检测】

（1）目前市场上最常见的显卡有哪些？

（2）怎样选购显卡？

任务七　选购显示器

【任务要点】

- 显示器的性能指标
- 选购液晶显示器的技巧

【任务分析】

老杨告诉小黄，显示器（见图 1-22）作为计算机的窗户，是一台计算机必不可少的部分。要想选购一款合适的显示器，必须了解显示器性能指标、掌握选购显示器的技巧。

图 1-22

【任务实现】

1. 液晶显示器的性能指标

■ 点距

点距是指组成液晶显示屏的每个像素点之间的间隔大小。对于同样大小的屏来说，点距越小图像越清晰。

■ 亮度和对比度

亮度越高，显示器对周围环境的抗干扰能力就越强，显示效果更明亮。对比度是指在规定的照明条件和观察条件下，显示器亮区与暗区的亮度之比。对比度是直接体现该显示器能否体现丰富色阶的参数，对比度越高，还原的画面层次感就越好。

■ 响应时间

响应时间指的是LCD显示器对于输入信号的反应速度，也就是液晶屏由暗转亮或者是由亮转暗的反应时间。

■ 可视角度

超过了可视角度，我们将看不到屏幕内的图像，甚至出现一片漆黑，较大的可视角可以方便更多用户同时从不同角度来观看画面。

2. 选购液晶显示器技巧

■ 选择显示器尺寸

先要弄清楚自己想买多大的显示器。如果是普通应用和玩普通游戏，那么19英寸的显示器足够了。如果是看电影、看高清视频，可以选择更大的显示器。

■ 选择液晶屏响应时间

响应时间决定了显示器每秒所能显示的画面帧数，响应时间越小，快速变化的画面所显示的效果越完美。

■ 检查屏幕有无坏点

检测方法：将屏幕调到全黑，可以检测到亮点。将屏幕调到全白，可以检测到坏点和暗点。LED背光显示器具有使用寿命长、功耗低等优点，值得选择。

【高手指点】

号称“液晶之王”的夏普龟山屏全球有名，索尼显示器的质量也在世界首屈一指。比较好的品牌还有飞利浦、三星、戴尔、优派、AOC和LG等。

【任务检测】

（1）目前市场上最常见的显示器有哪些？

（2）怎样选购显示器？

任务八　选购键盘和鼠标

【任务要点】

- 键盘和鼠标分类
- 选购键盘和鼠标的技巧

【任务分析】

老杨告诉小黄，键盘作为主要的输入设备，对计算机的性能虽然没有太大影响，不过劣质的键盘不但会因为手感差而影响输入速度，也会频繁地出现故障。作为标准的输入设备，鼠标是必不可少的。

【任务实现】

1. 键盘和鼠标分类

■ 键盘分类（见图 1-23）

（1）机械键盘：采用类似金属接触式开关，工作原理是使触点导通或断开，具有工艺简单、噪声大、易维护的特点。

（2）塑料薄膜式键盘：键盘内部共分四层，实现了无机械磨损。其特点是低价格、低噪声和低成本，已占领市场绝大部分份额。

（3）无接点静电电容键盘：使用类似电容式开关的原理，特点是无磨损且密封性较好。

■ 鼠标的分类（见图 1-24）

（1）按照按键的数目分类：可分为单键鼠标、双键鼠标、三键鼠标和多键鼠标四种。

（2）按照内部结构分类：可分为机械式鼠标、光电式鼠标及光学机械鼠标。

（3）按照接口分类：可分为串行口（COM）、PS/2 型和 USB 型三种。

图 1-23

图 1-24

2. 选购键盘和鼠标的技巧

■ 选购鼠标的技巧

（1）解析度。

鼠标的内在性能跟解析度有着密切的关系。说明书上标注的 800dpi 或 400dpi，就是鼠标的解析度。解析度越低，鼠标的拖拽会明显感觉比较迟钝，一般鼠标的解析度越高，鼠标会越灵敏。

（2）刷新率。

刷新率越高的鼠标每秒所能传回的成像次数越多，所形成的图像也就越精准。

（3）是否符合人体工程学。

一款鼠标拿到手里，手感是第一位的，鼠标的轻重、大小以及手指按键的设计等都是很关键的，它决定了用户对鼠标的喜爱程度。一般而言，符合人体工程学设计的鼠标手握起来非常舒服，在工作、学习、娱乐中不容易疲劳。

（4）接口。

鼠标的接口跟键盘类似，目前市面上主要有 PS/2 和 USB 两种。USB 接口的鼠标，由于支持热插拔，得到很多用户的青睐。

■ 选购键盘的技巧

（1）看手感：试用一下键盘感觉顺手、舒适、手感好。

（2）看按键数目：目前市面上最多的还是标准 108 键键盘，高档的键盘会增加很多多媒体功能键，设计一整排在键盘的上方。另外，像回车键和空格键选设计得大气点的为好，毕竟这是日常使用最多的按键。

（3）看键帽：键帽第一看字迹，激光雕刻的字迹耐磨，印刷的字迹易脱落。将键盘放到眼前平视会发现印刷的按键字符有凸凹感，而激光雕刻的键符则比较平整。

（4）看键盘接口：建议选择 USB 接口的键盘。USB 接口键盘最大的特点就是可以支持即插即用。

（5）最品牌、价格：最后一点就是看品牌和价格，同等质量、同等价格下名牌大厂的键盘能给人一定的信誉度和安全感。

【高手指点】

在购买无线键盘鼠标时，需要注意一些问题，目前应用于键盘鼠标的无线技术有红外、蓝牙、RF 三种。

【任务检测】

（1）目前市场上最常见的键盘鼠标有哪些？

（2）怎样选购键盘鼠标？

任务九　选购机箱

【任务要点】

- 机箱的分类
- 选购机箱的技巧

【任务分析】

老杨告诉小黄，由于主板和显卡等都固定在机箱里面，好的机箱坚实、牢固，对于散热和防尘也有考究。机箱还有一个非常重要的作用，那就是降低电磁辐射。

【任务实现】

1. 机箱的分类

■ 按尺寸分类

机箱可分为超薄、半高、3/4 高和全高机箱。

■ 按外形分类

有立式机箱和卧式机箱之分。

■ 按结构分类

可分为 AT、ATX、MicroATX、NLT 等类型，目前市场上主要以 ATX 机为主。

■ 机箱的散热性能

购买机箱时要注意察看机箱是否预留有机箱风扇位置，最好是前后两个方向都有（见图 1－25）。

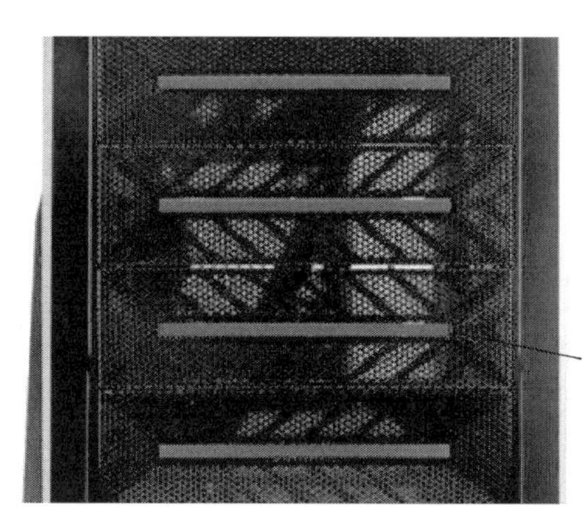

图 1－25

■ 机箱的用料和做工

机箱的制作材料一般采用镀锌钢板（见图 1－26）。制作工艺比较好的机箱，外壳钢板用指甲是划不出明显的痕迹的。

图 1－26

■ 机箱板材是否厚重

可用手试试能不能将其弄变形，将机箱上面及侧面的盖板去掉，稍用力把机箱沿对角抱起，看是否变形。还有一个窍门，那就是掂重量，一般来说越沉的机箱质量越好（见图1－27）。

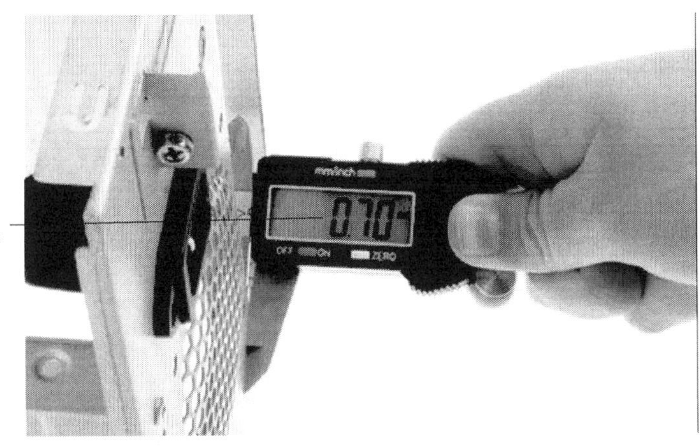

图1－27

【高手指点】

透明机箱除了好看外几乎没有什么优点可言。所以说，用户选购透明机箱要谨慎。

【任务检测】

（1）目前市场上最常见的机箱有哪些？

（2）怎样选购机箱？

任务十　选购电源

【任务要点】

- 电源的性能指标
- 选购电源的技巧

【任务分析】

老杨告诉小黄，电源是整台计算机的动力供应系统，如果说处理器是计算机的大脑，那电源就是计算机的心脏。电源供电不足就好比心脏供血不足，全身乏力，部件运行不正常。而电源又偏偏是容易忽视的硬件，我们应该学会判断怎样去选购电源。

【任务实现】

1. 电源的性能指标

电源（见图1－28）的性能指标主要包括以下几点。

■ 功率

功率是指电源能长时间承受的最大负荷。300W 左右的电源可满足普通用户的需求。若计算机内连接了多个设备，则需要购买更大功率的电源。

■ 过载保护

防止因负载过大，使输出电流超过原设计的额定值而造成电源损坏。

■ 噪声和纹波

分别为附加在直流输出电压上的交流电压和高频尖峰信号的峰值，通常以 MV 为单位。

■ 过压保护

过压保护是指当输出电压超过额定值时，电源会迅速自动关闭停止输出，以防损坏供电设备。

■ 抗电磁干扰能力

电源内的元件会产生高频电磁辐射，这样的辐射会对其他元件和人体产生干扰和危害。

■ 质量方面

优质电源手感沉重，而劣质电源手感很轻（见图 1－29）。

图 1－28

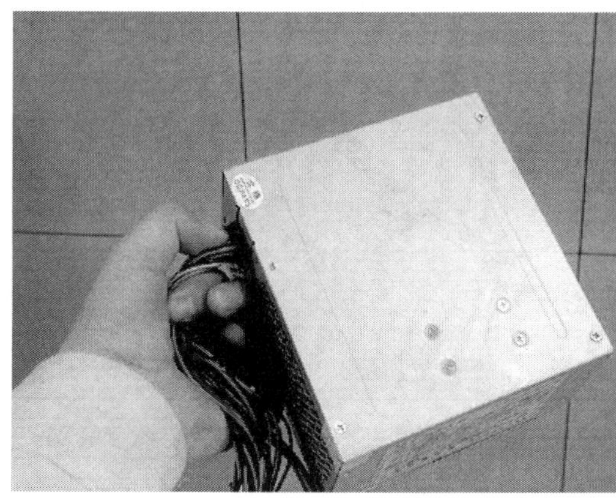

图 1－29

2. 选购电源的技巧

■ 性能方面

如果是集成显卡的计算机，那么装配一个额定功率 200W 左右的电源就足够了；如果使用双核 CPU 带上一般的独立显卡，额定功率 250W 的电源能够满足需求；如果显卡是独立供电的，而且处理器是比较高端的双核 CPU，用额定功率 300W 的电源也足够了；如果四核带上强力独立显卡，那么则应该配备额定功率 350W 以上的电源。

相同功率下，采用被动式 PFC 的电源重量较重，采用主动式的 PFC 电源（见图 1－30）较轻，这是要先确定电源是主动式还是被动式再作判断。

【高手指点】

好品牌的电源性能指标、做工往往会好很多。航嘉、长城、台达、康舒、全汉、鑫

图 1-30

谷、酷冷至尊，这些都是口碑相当不错的品牌，值得选择。

【任务检测】

（1）电源的主要性能指标有哪些？

（2）选购电源要注意哪些方面？

任务十一　选购声卡和音箱

【任务要点】

- 声卡的性能指标
- 选购声卡的技巧
- 音箱的性能指标和选购技巧

【任务分析】

老杨告诉小黄，计算机游戏、多媒体教育软件、语音识别、人机对话、网上电话、电视会议等都离不开声卡，现在，声卡已成为所有家用多媒体计算机和大部分商用计算机的必配设备。再好的声卡，要想发出动人的声音，还需要一套好音箱。

1. 声卡的性能指标

■ 数字音频采集

数字音频采集是指把模拟音频信号转换成数字音频信号，并存放在存储器中的过程。

■ 声音采样位数

采样位数可以理解为声卡处理声音的解析度。这个数值越大，解析度就越高，录制和回放的声音就越真实。

■ 波表合成

波表（Wave Table）是波形表格的意思，它将各种真实乐器所能发出的声音录制下来，存储为一个波表文件。

■ MIDI 规格

电子乐器数字化接口是一组由 MIDI 生产商协会（MIDI Manufacturers Association）制订给所有 MIDI 仪器制造商的音色及打击乐器排列表。它包括 128 个标准音色和 81 个打击乐器排列。

■ 数字信号处理器

数字信号处理器（DSP 芯片）是指声卡中专门处理效果的芯片，常常又被称为效果器，由于价格比较昂贵，通常只在高档的声卡中才有。如果对声卡声音的产生及录制有专业要求，可以考虑使用带有 DSP 芯片的声卡。

■ 复音数

所谓“复音”是指 MIDI 乐曲在一秒钟内发出的最大声音数目。

■ 信噪比

信噪比是一个衡量声卡抑制噪声能力的重要指标。

■ 声道

支持多声道是评价声卡的重要指标，支持的声道数越多，再配合相应的音箱，可以让听众感觉好像被包围在一个音场中，为听众带来不同方向的声音环绕，可以获得身临其境的听觉感受。如今多声道技术已经广泛应用于各类中高档声卡的设计中，现在声卡至少应该支持 6 声道，有的声卡甚至可以支持 10 声道。

2. 选购声卡的技巧

声卡的选购要以自己实际的使用需求为选择标准，正确的选购思路应该是：

（1）列出自己对声卡各项指标性能的要求。

（2）依照这些要求，结合自己的喜好，找出合适的音效芯片。

（3）在采用此芯片的众多声卡中找出一款自己经济能力可以承受的产品，在价格相差不大的情况下尽量选择大牌厂商的名牌产品。

3. 音箱的性能指标和选购技巧

多媒体有源音箱的性能指标主要有：

■ 功率

它决定了音箱所能发出的最大声音强度。

对音箱功率的标注方法有两种：①额定功率；②最大承受功率。

■ 额定功率与最大承受功率

额定功率是指在额定频率范围内给音箱一定频率的模拟信号，在一定间隔并重复一定次数后，音箱不发生任何损坏的最大电功率。

最大承受功率：是指音箱短时间所能承受的最大功率。

■ 频率范围与频率响应

频率范围是指音箱最低有效回放频率与最高有效回放频率之间的范围，单位为赫兹（Hz）。

频率响应是指将一个以恒电压输出的音频信号与音箱系统相连接时，音箱产生的声压随频率的变化而发生增大或衰减，单位为分贝（dB）。

■ 失真度

音箱的失真度是指电声信号转换的失真情况。一般人耳对5%以内的失真不敏感，最好不要购买失真度大于5%的音箱。

■ 阻抗

阻抗是指扬声器输入信号的电压与电流的比值。音箱的阻抗一般分为高阻抗和低阻抗。高于16Ω的是高阻抗，小于8Ω的是低阻抗，音箱的标准阻抗为8Ω。

■ 信噪比与灵敏度

（1）信噪比是指音箱回放正常声音信号强度与噪声信号强度的比值，单位为dB。信噪比低的音箱，小信号输入时噪声严重影响音质。信噪比低于80dB的音箱、低于70 dB的低音炮，不建议购买。

（2）灵敏度是指能产生全功率输出时的最小输入信号，单位是dB。

选购计算机音箱注意以下几点：

■ 计算机音箱箱体

音箱按制作的材料来分主要分为木制和塑料两种，木制音箱的音质普遍好于塑料音箱。目前市场上有的劣质音箱表面上仅仅是贴了一层木皮花纹，而内部却是塑料。

■ 计算机音箱是否有防磁性能

现在大多数商家都称自己的音箱具备防磁功能，在购买时将音箱放在显示器旁边试一下便见分晓。如果音箱靠近显示器时屏幕上的图像没有发生异常，或者仅仅有微小的变化，那么这个音箱的防磁性能就算合格了。

■ 计算机音箱喇叭

扬声器尺寸不是越大越好，5英寸或5.5英寸的喇叭就足以满足一般用户的需要，一般在音箱的资料中都可以查到喇叭的相关信息。

■ 服务与安全

在购买音箱的时候，尽量选择比较有名气的产品，名厂具有专业的生产线以及完善的生产制度，其原材料也正规，产品的质量有保证。

【高手指点】

音箱按是否带有放大电路可分为有源音箱和无源音箱。由于声卡的输出功率很小，所以无源音箱只适合一些教学软件，根本谈不上音质。计算机中常用的是有源音箱。

【任务检测】

（1）声卡和音箱的主要性能指标有哪些？

（2）选购声卡和音箱要注意哪些方面？

任务十二　选购网卡和路由器

【任务要点】

- 选购网卡的技巧

- 选购路由器的技巧

【任务分析】

老杨告诉小黄，网卡作为最基础的网络设备，对整个网络的性能发挥着非常重要的作用。经常出现网络掉线、访问速度慢、数据掉包多等现象多数是由于网卡性能不良造成的。

路由器是一种连接多个网络的网络设备，它能将不同网络或网段之间的数据信息进行“翻译”，以使它们能够相互“读”懂对方的数据，从而构成一个更大的网络。

【任务实现】

1. 选购网卡的技巧

选购网卡（见图 1－31、图 1－32）需要考虑网卡的传输速率、网卡的总线类型、是否支持即插即用功能及品牌。

■ 网卡的传输速率

由于 10Mbit/s 网络的传输速率较低，目前已被淘汰，因此 100Mbit/s 或 10/100Mbit/s 自适应网卡是最佳选择。

■ 网卡的总线类型

目前网卡的总线类型主要有 PCI 总线和 USB 接口。最常用的是 PCI 总线接口的网卡，而 USB 接口的网卡作为外接配件具有即插即用、连接方便等优点，可根据实际需求选择。

■ 是否支持即插即用功能

如网卡支持 PNP（即插即用）功能，则计算机可自动识别所连接的介质类型，在发生中断冲突时可以很方便地进行调整。

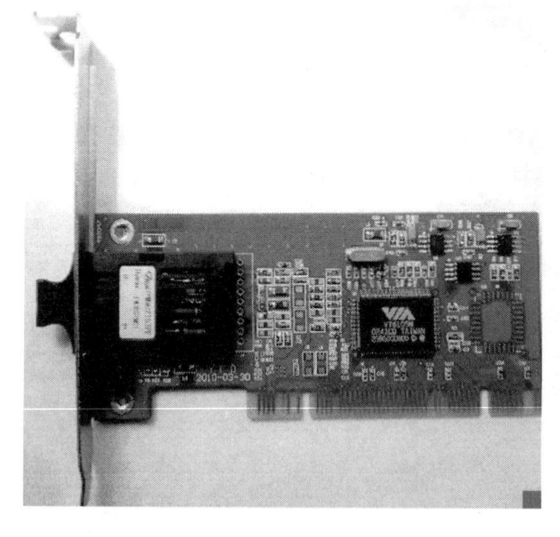

图 1－31

图 1－32

2. 选购路由器的技巧

路由器（见图 1－33、图 1－34）的质量和性能的好坏，直接关系着网络访问的体验感受。在品牌型号繁多、设备质量差异较大的市场中，我们如何选购适合自己使用的宽带路由器呢？可以从以下几方面综合考虑。

图 1-33

图 1-34

■ 设备品牌选择

同其他电子产品一样，市场上同样大量充斥着被俗称为“山寨机”的宽带路由器，这些产品一般做工、质量均不佳，所承诺的售后服务也多为空谈。由于宽带路由器产品不便在购买现场测试，而且这些设备在网络中又起着举足轻重的作用，所以售后服务显得更加重要，选购时应优先选用正规厂商的产品，这样不论产品质量、售后服务都会让人更加省心。

■ 产品性能

宽带路由器一般提供 1 个 WAN 口（10Mbit/100Mbit），4 个 LAN 口（10Mbit/100Mbit），可同时连接 4 台计算机，实现 4 台机器之间的数据共享和互访。如果要连接更多的计算机，可以选购配有更多 LAN 接口的路由产品或交换产品。

■ 其他特色功能

各厂商除提供标准的设备接口以及常见的网络应用服务外，一般会提供使路由器更加易用、使网络更加安全的特色功能和服务，比如：

（1）端口自动翻转（Auto MDI/MDIX）：它是一个非常实用的功能，具备此功能的路由器在连接线缆时，可以不用考虑线序问题，也就是说不管插入的线缆是 568A 还是 B，端口都能自动适应。

（2）MAC 地址复制：此功能可以实现复制 MAC 地址的功能，也就是说即使 ISP 限制 MAC 地址，也可以利用这个功能进行“破解”。

（3）中文配置界面：此功能也是非常实用的，中文配置界面可以让不熟悉英文的用户方便地进行参数的设置和调整，时刻检查路由器的工作和运行状态等。

（4）上网行为控制：此功能可以预先设置好需要阻止的内容和 URL 地址来限制某些 WEB 访问，并且适时发送 E-mail 警告给指定的邮箱，以便实现监控网络使用的目的。

【高手指点】

现在网卡市场比较主流的品牌有 D-Link、TP-Link、3COM 和 Intel 等，这些品牌的网卡不仅做工性能优良，而且有良好的售后服务和技术支持。

常见的宽带路由器品牌有：思科（Cisco-Linksys）、华为 3COM（3COM-Huawei）、网件（NETGEAR）、普联（TP-LINK）、友讯网络（D-Link）、磊科（NETCORE）、联合金彩虹（UGR）、华硕（ASUS）、中怡数宽（DWnet）、欣向（NuQX）、金浪（KING-

NET)、实达（Start）、趋势（TRENDnet）。

【任务检测】

（1）目前市场上最常见的网卡、路由器有哪些？

（2）怎样选购网卡、路由器？

任务十三　制定装机方案

【任务要点】

- 制定计算机装机方案
- 选购计算机指南

【任务分析】

老杨告诉小黄，在准备动手组装计算机之前，先要制定装机方案，不同的用户制定的装机方案也应不同，可以根据自己的经济状况和装机目的，制定一套合适的装机方案。

【任务实现】

1. 制定计算机装机方案

■ 装机时先确定其用途

（1）一般办公：主要用于拟定工作报告、编辑文档、应用电子表格。这一类对计算机的配置要求不是很高，综合搭配一下就可以胜任工作。建议重点考虑装机预算。

（2）图形图像处理：主要用于平面设计工作或三维图像、三维动画方面。这类计算机配置对图形显示要求极高，建议选择高档次的显卡。

（3）休闲娱乐（见图1-35）：主要用于普通家庭，用来上网、玩一些简单的游戏、听音乐、看电影等。这类计算机配置要求比较均衡，主要在考虑自己的装机预算的同时，重点考虑CPU、内存、显卡的配置。

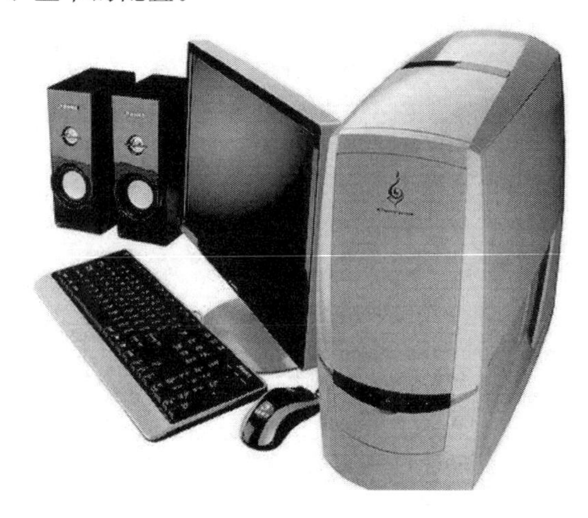

图1-35

■ 装机方案

（1）一般办公用计算机装机方案：

为满足办公需求，同时为减轻工作压力、休闲娱乐的要求，可以提供这套价格适中、能满足一般需求的配置。

配件类型	型号	价格（元）
中央处理器	Intel 奔腾 G840（盒）	465
散热器	CPU自带	—
内存	威刚 4GB DDR3 1333（万紫千红）×2	270
主板	双敏UH61AT全固态EVO	449
显示卡	双敏速配GT630（2GB）大牛版	499
硬盘	WD500 GB7200转16MB SATA3磁盘	445
光驱	先锋DVR-219CHV	160
机箱	动力火车 绝尘侠 X3	168
电源	航嘉冷静王加强版	175
显示器	Acer V1 93HDVBb	559
键盘	双飞燕 KK-5200防水键鼠套装	57
总计	3247元	

配置的产品

显卡方面，双敏速配 GT630（2GB）大牛版（见图 1－36）采用独特非公版方案设计，板载 DDR3 2GB 显存，默认频率为 810/1333MHz。支持基于真 DX11 游戏引擎构架设计，支持更快的 DX11 曲面细分引擎，支持 NVIDIA 3D 立体显示技术和物理加速技术，加入双敏全新研发的超跑 GTR 逆流散热技术，同时产品享有速配系列的两年全面质保服务，而 499 元的零售价，在同类产品中占有绝对的性价比优势。主板方面，双敏 UH61AT 全固态 EVO 版主板基于 Intel H61 单芯片设计，支持 LGA1155 接口处理器。作为整合产品，主板提供了 DVI/VGA/HDMI 视频输出，搭配核芯显卡可以满足高清播放和主流游戏的硬件需要。提供一条全速 PCI－E x16 插槽，方便用户升级独立显卡。

图 1－36

计算机配置单的评语

作为一套仅为 3000 元左右的计算机配置，选用了独立显卡提升整机的图形性能，同时搭配 SNB 处理器为游戏用户奠定了不错的基础。当然如果需求，则可以升级硬盘，获得更大的存储空间。

（2）图形图像处理用计算机装机方案：

为满足图形图像处理的需求，选购产品的根本原则是不能盲目追新、追高，要根据自己的实际使用情况合理选择搭配。可以推荐一份使用英特尔的酷睿 i3－2120 的组装计算机配置单。

配件类型	型号	价格（元）
中央处理器	Intel 酷睿i3 2120（盒）	730
散热器	CPU自带	—
内存	金士顿4GB DDR3 1333	138
主板	华硕 P8H61	599
显示卡	影驰GTX560黑将	1299
硬盘	希捷Barracuda 1TB 7200转64GB单碟	595
光驱	先锋DVR-219CHV	160
机箱	先马绝影3	199
电源	ANTEC VP450P	349
显示器	Acer EW2420	1750
键盘	雷柏X1800无线键鼠套装	85
总计	5904元	

计算机配置单的硬件方面

显卡方面，影驰 GTX560 黑将采用了 GDDR5 高速显存，显存容量为 1GB、显存位宽为 256bit，核心频率/显存频率为 850/4008MHz，高于公版的默认频率，性能有所提高，并且预留了不错的超频能力，超频后能够使显卡性能更加出众。供电做工方面，影驰 GTX560 黑将采用核心显存分离 4＋1 相供电，用料上配备了全固态电容，并采用多颗 POSCAP 钽电容，为显卡长期稳定运行提供了保证。

处理器方面，Intel 酷睿 i3－2120 采用 32nm 工艺制造，插槽类型为 LGA 1155，内置双核心，四线程，处理器默认主频高达 3.3GHz，外频为 100MHz，倍频为 33，总线频率高达 5.0GHz；此外，还增加了第三级高速缓存，容量高达 3MB，这样使得 CPU 在处理数据时提高了命中率，并且使软件加载时间大大缩短。

计算机配置单评语

整套配置花费预算约为 6000 元，该平台的用户定位在主流游戏玩家。处理器采用 Intel 酷睿 i3－2120，处理器原生内置双核心，默认主频高达 3.3GHz，处理数据时响应迅速。搭配 24 英寸的 LED 背光明基液晶显示器，无论在外观或是在游戏过程中都能够体验到宽阔的视野范围和逼真的色彩还原效果。主板采用华硕 P8H61，产品做工品质优良，稳定性较好，市场销量较大。整体配置性价比较为突出。而独立显卡搭配为影驰 GTX560 黑将独立显卡，性能强劲，用于图形图像处理能让你体验到流畅的操作体验。

内存控制器为双通道 DDR3 1333MHz 或 1600MHz，使得系统在数据读取方面迅速，以避免 CPU 在数据调用时造成的性能瓶颈。由于采用了最新的制作工艺，也将为玩家带来更低的功耗和发热，让系统运行更加持续、稳定。

(3) 休闲娱乐用计算机装机方案：

为满足高端游戏玩家的需求，推荐的这套使用 IVB 四核酷睿 i7 - 3770 处理器的配置单。这套计算机配置运行市面上的大型游戏完全没有压力。

配件类型	型号	价格（元）
中央处理器	Intel 酷睿i7 3770（盒）	1930
散热器	九州风神冰凌400黑玉至尊	149
内存	海盗船8GB DDR3 1600	499
主板	华硕 P8Z77-VLX	1099
显示卡	影驰GTX560 Ti黑将	1599
硬盘	希捷Barracuda 1TB 7200转64GB单碟	595
光驱	先锋DVR-219CHV	160
机箱	ANTEC CNE S（1号）	249
电源	ANTEC VP550P	459
显示器	华硕ML249H-A	2193
键盘	雷柏地狱狂蛇游戏标配键鼠套装	189
总计	9127元	

计算机配置单的产品介绍

显卡方面，影驰 GTX560 Ti 黑将基于 40nm 工艺制程的 GF114 显示核心，该显卡拥有 384 个流处理器，32 个光栅单元和 64 个纹理单元，同时核心内建 256bit 显存控制器，完美支持 DirectX 11 API、CUDA、PhysX 特理加速、3D 显示和 3D 眼镜支持以及 PureVideo 高清硬件加速技术。

CPU 方面，Intel 酷睿 i7 - 3770 采用 22nm 工艺制程，插槽类型为 LGA 1155，原生内置四核心，八线程，处理器默认主频高达 3.4GHz，最高主频可达 3.9GHz。三级高速缓存容量高达 8MB，这样使得 CPU 在处理数据时提高了命中率，并且使软件加载时间大大缩短。内存控制器为双通道 DDR3 1333MHz 或 1600MHz，使得系统在数据读取方面迅速，以避免在 CPU 在数据调用时造成的性能瓶颈。由于采用了最新的制作工艺，也将为玩家带来更低的功耗和发热，让系统运行更加持续、稳定。

计算机配置单的评语

整套配置花费预算约为 9200 元，该平台的用户定位在高端游戏玩家。处理器采用 Intel 酷睿 i7 - 3770，处理器原生内置四核心，默认主频高达 3.4GHz，处理数据时响应迅速。搭配 24 英寸的 LED 背光华硕液晶显示器，无论在外观或是在游戏过程中都能够体验到宽阔的视野范围和逼真的色彩还原效果。主板采用华硕 P8Z77 - V LX，产品做工品质优秀，稳定性较好，整体配置性价比高。而独立显卡搭配为影驰 GTX560 Ti 黑将，性能强劲，无论是大型游戏还是高清电影甚至专业影视后期制作均能让你体验到流畅的操作体验。性能突出的四核超频 IVB 平台，尽管 9200 元左右的售价并不便宜，但综合来看，还是具有一定性价比的。

2. 选购计算机指南

■ 前期准备必不可少

前期准备首先要根据自己的预算，决定适合的品牌，千万别贪图便宜而选择品质、售后都较差的小品牌或杂牌。其次要摸清机器的配置情况，以及预装系统和基本售后服务。最后要了解近期的市场行情、价格走势，甚至是促销活动，这些资料都可以通过专业的网站和平面媒体查找到。

■ 开箱前检查相当重要

在选好机型，与商家谈好价钱后，就进入烦琐、必须仔细的验机过程。验机主要包括验箱、验外观和验配置三个过程。

(1) 验箱：机器拿来后，千万别着急开箱。首先要观察箱子的外观，如果发现包装箱发黄、发暗可就要小心了，这种箱子很可能被商家积压很久，有顾客要购买相关产品后，他们就将展示的样机装入，重新封口，充当新机。而机箱崭新，但外表面稍有损伤，不用太在意，这往往是运输过程中的问题，有时是无法避免的。

另外，包装箱往往能为我们提供一些有用的信息。很多厂商都会在包装箱上粘贴机器的身份证明——产品序号。一些大品牌还会提供产品序号的查询。例如东芝笔记本，我们在开箱之前可以拨打其主要代理神州数码的热线电话 800－810－5556，将机箱上的序号报给接线员，就能知道是否为行货正品。还有产品序号一定要与机箱内的保修卡、笔记本身上的号码相符合才行。

(2) 验外观：检查计算机外观是否有碰、擦、划、裂等伤痕。

(3) 验配置：开机后，用鼠标右击桌面“我的计算机”图标，选择下拉菜单中的属性项后，可看到 CPU 的型号、硬盘的型号、显卡的型号、声卡的型号、网卡的型号以及内存的大小等。

【高手指点】

处理器与主板搭配不恰当（主板供电不足），处理器会表现出温度偏高、不稳定、效能低等；一个入门级显卡搭配一个上千的处理器，结果导致整机性能还是维持在入门级性能，处理器性能发挥不完全。

【任务检测】

(1) 利用 Internet 查询各计算机配件的品牌、型号、参数和价格，然后模拟制定一台学习用机、一台家庭多媒体用机、一台游戏用机、一台图形设计用机的购机方案。

(2) 目前市场上最常见的显示器有哪些?

(3) 怎样选购显示器?

项目二
组装计算机

小黄听了杨师傅对组成计算机各个部件的介绍后，根据“按需配置、高性价比、品牌优先”的原则，明确预算后，就兴冲冲地冲往计算机城。经过一轮轮跟商家的斗智斗勇，终于把喜欢的配件都带回了家，YEAH（耶）！但很快，小黄的心情就从珠穆朗玛峰跌到马里亚纳海沟了：配件是买回来了，但怎么才能让这堆东西组装起来上网聊天玩游戏啊！还好，想起了“有困难，找老杨”这句话了，哈！想着就马上打电话向老杨求救。杨师傅到了，看到小黄焦急的样子，笑呵呵地说：“计算机都买回来了哦，怎么还不上网聊天玩游戏啊?”看着小黄一脸的尴尬，杨师傅才给小杨讲起了计算机硬件组装的注意事项和流程。

任务一 装机前的准备

【任务要点】

- 装机工具
- 装机注意事项

【任务分析】

正所谓“工欲善其事，必先利其器”，杨师傅对组装计算机需要用到的工具和注意事项跟小黄一一交代，这头刚说完，那头小黄已迫不急待地翻起了工具箱……

【任务实现】

1. 准备装机工具

其实，装机可能用到的工具很多，也可以只有一种。可以说缺少这个工具，计算机就没办法组装起来了。它就是十字螺钉旋具（见图 2－1）。因为组装计算机时所使用的螺钉都是十字形的，而且最好准备带磁性的螺钉旋具，以方便对螺钉的吸取。

那是不是只要一把十字螺钉旋具就能搞定计算机组装呢？都说世事无绝对嘛，所以，有条件的话最好把以下工具也准备好：

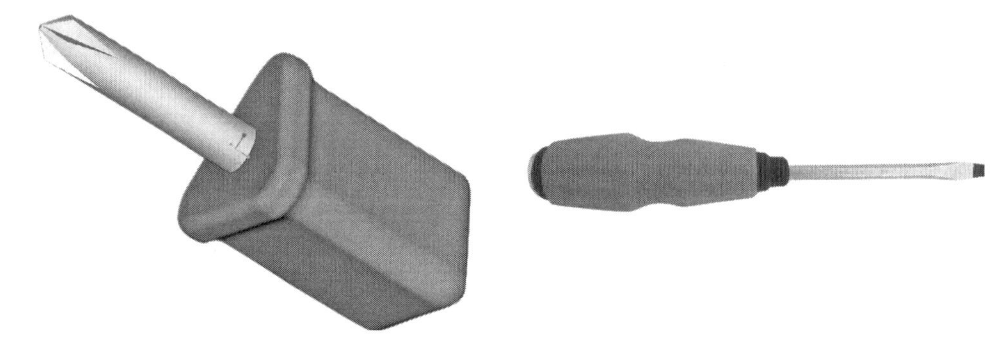

图 2-1　　　　图 2-2

(1) 一字螺钉旋具（见图 2-2）：主要用于撬开机箱挡板，一般用处不大。

(2) 镊子（见图 2-3）：用来夹取螺钉、跳线和比较小的零散物品。例如，在安装过程中一颗螺钉掉入机箱内部，并且在一个地方卡住，用手又无法取出，这时镊子就派上用场了。

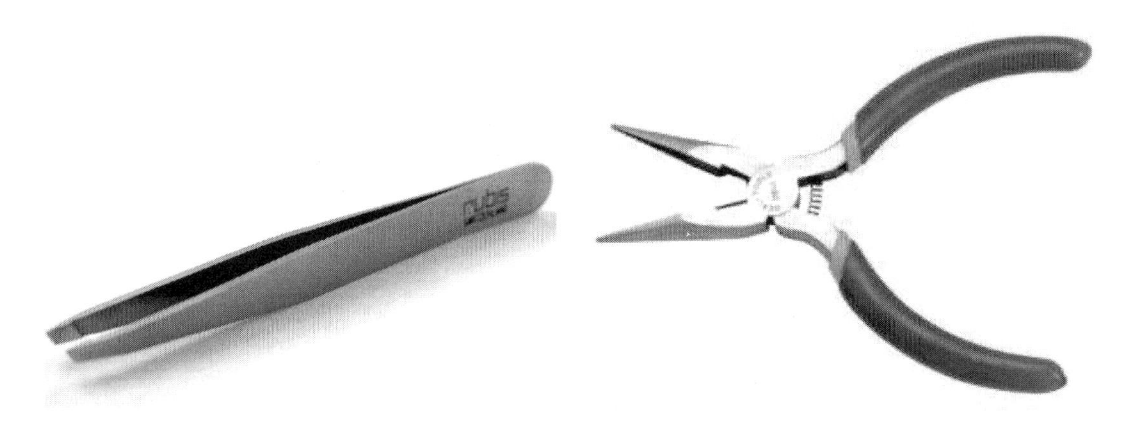

图 2-3　　　　图 2-4

(3) 尖嘴钳（见图 2-4）：主要用来拧紧承托主板的螺钉柱和拆卸机箱后面的挡片。不过，现在的机箱多数都采用断裂式设计，只需用手来回对折几次，挡板或挡片就会断裂脱落。当然，使用尖嘴钳会更加方便。

(4) 散热膏（硅脂）（见图 2-5）：在安装 CPU 时必不可少的用品，主要用于填满 CPU 和风扇散热片之间的缝隙，以增强散热效果；但现在大部分的 CPU 风扇都已涂好或配套了硅脂。

图 2-5

2. 装机时的注意事项

(1) 防静电。

计算机配件十分精密，因此比较娇贵，人体带的静电会对它们造成很大的伤害，如内部短路、损坏。在组装计算机之前，应该用手触摸一下良好接地的导体，把人体自带的静电导出。例如，用手摸一摸钢铁制品或用湿毛巾擦一下手。有条件的最好戴上绝缘手套进行安装。

（2）防潮湿。

如果水分附着在计算机配件的电路上，很有可能造成短路而导致配件的损坏。

（3）防粗暴。

在组装计算机时一定要防止粗暴的动作。因为计算机配件的许多接口都有防插反的设计，如果安装位置不到位，再加上用力过猛，就有可能引起配件折断或变形。

（4）防缠绕。

配件安装完成以后，把散乱的数据线和电源线布置整齐，可以使用绝缘铁丝或扎线带固定内部线路，以免散乱的线影响风扇正常运装以及机箱的整体散热风道通畅。

【任务检测】

（1）进行硬件组装的必要工具是________；除此外，最好把________、________、________、________等工具也准备好，以备不时之需。

（2）装机“四防”，分别指的是防________、防________、防________和防________。

（3）在 CPU 表面涂抹________的目的是为了填满 CPU 与散热器之间的缝隙。

（4）人体自身带的静电可能会对计算机配件造成严重损坏，因此在接触配件时应先________身上静电。

（5）除去身上静电的方法有哪些？

任务二　最小系统法安装与测试

【任务要点】

- 安装 CPU、内存、显示卡
- 最小系统法

【任务分析】

最小系统法是指从维修判断的角度能使计算机开机的最基本的硬件环境。保留系统工作的最小配置作开机测试，以便提前发现故障。通常应首先安装主板、内存、CPU、电源，然后开机检测。如正常运转无报错，再加上键盘、显示卡和显示器。如正常显示自检画面，再依次加装硬盘、光驱、扩展卡等。

【任务实现】

1. 安装 CPU

■ Intel 篇

Intel 平台很多，如 LGA 775、LGA 1155、LGA 1156、LGA 1366 及 LGA 2011 等，

虽然它们针角数不一样，但安装的过程是十分类似的。打开底座，取出保护盖，对准CPU的凹位放下CPU（这时CPU是平稳放下的，确保没有突起部分就是对好位置了），然后盖上铁盖，用力压下铁杆到位，CPU就安装完成。

从图2－6、图2－7中我们可以看到，LGA 775接口的英特尔处理器全部采用了触点式设计，与478针管式设计相比，最大的优势是不用再去担心针脚折断的问题，但对处理器的插座要求则更高（见图2－8）。

图2－6

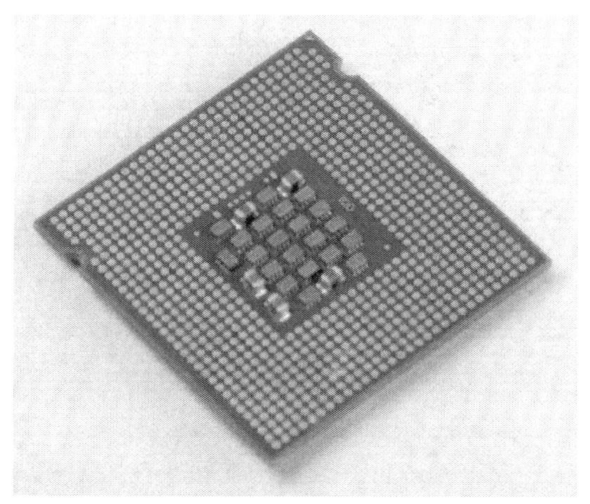

图2－7

在安装CPU之前，我们要先打开插座，方法是：用适当的力向下微压固定CPU的压杆，同时用力往外推压杆，使其脱离固定卡扣（见图2－9）。

图2－8

图2－9

压杆脱离卡扣后，我们便可以顺利地将压杆拉起（见图2－10）。

接下来，我们将固定处理器的盖子与压杆反方向提起（见图2－11），LGA 775插座展现在我们的眼前。

图 2－10

图 2－11

在安装处理器时需要特别注意。大家可以仔细观察，在 CPU 处理器的一角上有一个三角形的标识，另外仔细观察主板上的 CPU 插座，同样会发现一个三角形的标识。在安装时，处理器上印有三角标识的那个角要与主板上印有三角标识的那个角对齐，然后慢慢地将处理器轻压到位（见图 2－12）。这不仅适用于英特尔的处理器，而且适用于目前所有的处理器。特别是对于采用针脚设计的处理器而言，如果方向不对则无法将 CPU 安装到位，大家在安装时要特别注意。

将 CPU 安放到位以后，盖好扣盖，并反方向微用力扣下处理器的压杆（见图 2－13 至图 2－15）。

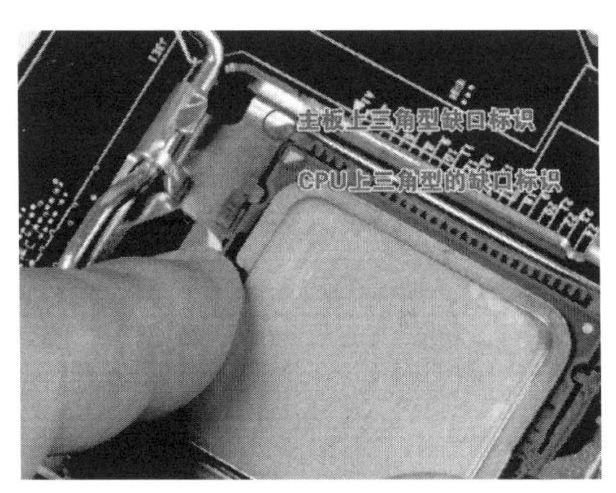

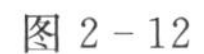

图 2－12

图 2－13

图 2-14

图 2-15

至此 CPU 便被稳稳地安装到主板上，安装过程结束。

■ AMD 篇

AMD 的 AM3 的 CPU 和插座采用 938 针的引脚，AM3 的 CPU 可以与 AM2＋插座甚至更早 AM2 插座兼容，AM2＋/AM2 处理器的物理引脚数都是 940 针，AM3 处理器也完全能够直接工作在 AM2＋主板上（需 BIOS 支持），不过 940 针的 AM2＋处理器将不能在 938 针的 AM3 主板上使用。

安装 AMD 处理器的方法有 3 步：

（1）拉起压杆（见图 2-16）；

（2）将 CPU 对齐放入主板插槽（见图 2-17）；

（3）压杆归位（见图 2-18）。

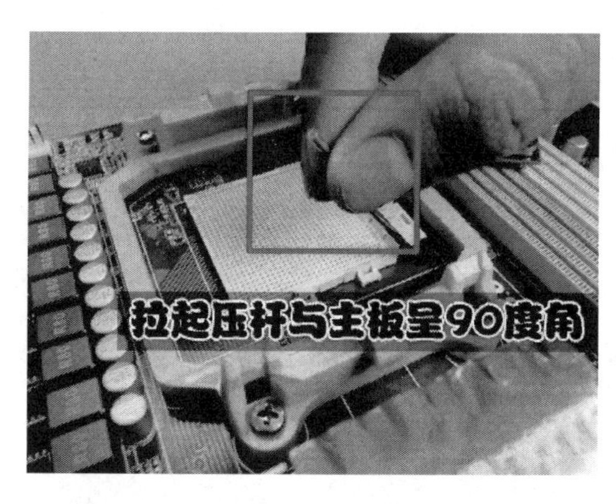

图 2-16

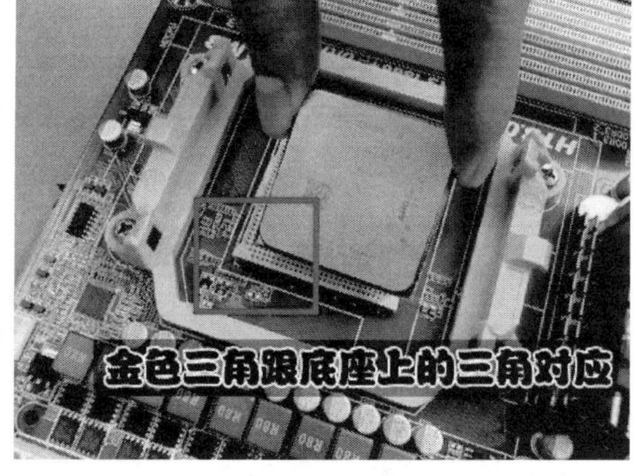

图 2-17

2. 安装 CPU 风扇

■ Intel 篇：（LGA 接口）原装风扇安装

Intel 原装风扇采用下压式风扇设计，原装风扇本身自带硅脂，因此可以直接安装（无须再次涂硅脂）。

安装 Intel 原装风扇的方法可分为 3 个步骤：

图 2-18

（1）整理风扇。

整理风扇一定要注意风扇电源线和扣具按钮位置，线要提前整理出来，不要让风扇在运行工作时对线产生各种接触（见图 2-19）。

（2）调节风扇位置。

将风扇调放到合适的位置，将风扇水平放置到处理器口盖上方，扣具四周的扣柱（尖嘴触角）的底部需与主板上的四个扣点对齐（见图 2-20）。

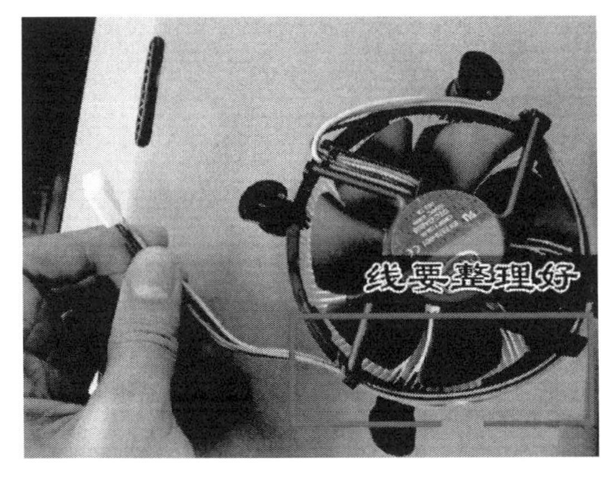

图 2-19

图 2-20

（3）按压扣具。

风扇扣具由于采用四个扣具设计，所以最佳的安装扣具的方法就是“对角线”按压安装法。顺序按压容易造成风扇受力不均，导致另两个扣具按压困难。注意，按压扣具按钮时要加力，当听到一声清脆的咔嚓声后证明按压成功（见图 2-21）。

检查主板背面，观察卡扣是否扣紧（见图 2-22）。

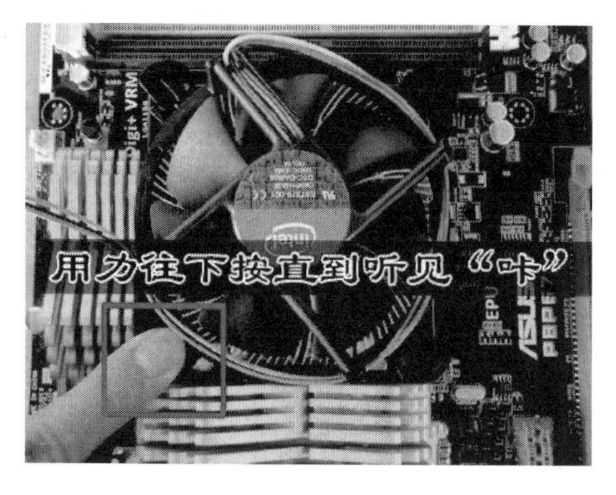

图 2 - 21

图 2 - 22

安装完后，我们需要连接风扇的电源线（风扇的 4 针接口）插到主板的散热供电接口（见图 2 - 23）。

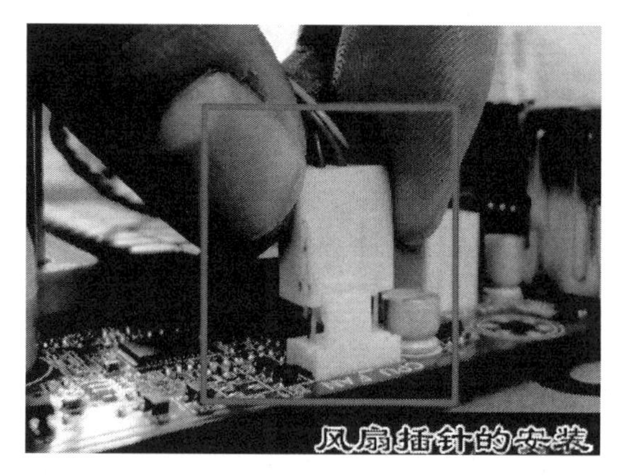

图 2 - 23

■ 拆卸风扇

在学会安装风扇的同时也要会拆卸，Intel 原装风扇的拆卸方法有两点需要注意。

(1) 按照按钮所指示的方向，将扣具柱顶端凸起圆点向风扇外逆时针旋转（见图 2 - 24）。

(2) 待将旋转后的扣具柱用拇指和食指用力向上抬起，将四个扣具顺次取出即可。■ 小结

Intel（LGA 1155、1156、775 接口）原装风扇安装注意要点：

(1) 首先，做好风扇安装前的准备工作；

(2) 将风扇扣具上的旋钮复位；

(3) 对角线按压旋钮，将风扇扣好；

(4) 卸载处理器时一定要先拔下风扇电源接口，再逆时针旋转旋钮进行风扇拆卸。

■ AMD 篇：（AMX 接口）原装风扇的安装

AMD 风扇做得相对简单，采用两点卡扣式设计。

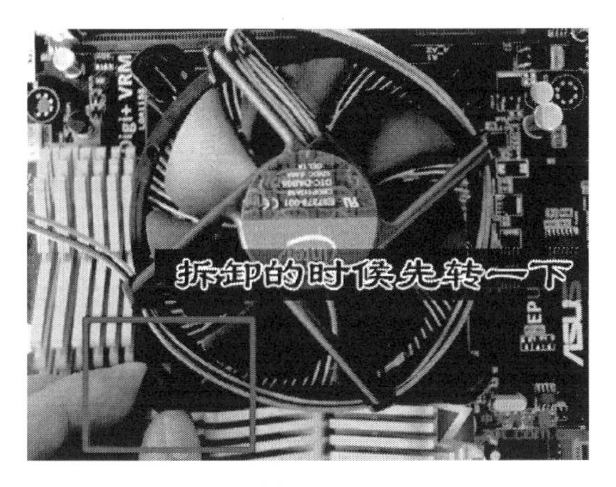

图 2 - 24

（1）观察 AMD 扣具，将压杆恢复到初始位置，压杆与主板呈水平的位置（见图 2 - 25）。

图 2 - 25

（2）将风扇两侧的卡扣分别扣在主板的扣具上（见图 2 - 26）。

图 2 - 26

（3）将压杆拉起并按下，压杆直到完全按下即可，此时与主板再次呈水平位置（见图 2 - 27）。

图 2-27

(4) 插稳供电接口，此步骤应垂直插入主板供电接口，AMD散热风扇安装完成。

■ 小结

AMD（AM3、AM2+接口）原装风扇的安装注意要点：

(1) 首先做好风扇安装前的准备工作；

(2) 将风扇扣具上的拉杆复位；

(3) 按压压杆，将散热器扣好，并垂直插好风扇电源接口；

(4) 卸载处理器时一定要先拔下风扇电源接口，再向上拉起拉杆进行风扇拆卸。

3. 安装内存条

在内存成为影响系统整体系统的最大瓶颈时，双通道的内存设计很大程度上解决了这一问题。提供64位处理器支持的主板目前均提供双通道功能，因此建议大家在选购内存时尽量选择两根同规格的内存来搭建双通道。主板上的内存插槽一般都采用两种不同的颜色来区分双通道与单通道。例如图2-28中，将两条规格相同的内存条插入到相同颜色的插槽中，即打开了双通道功能。

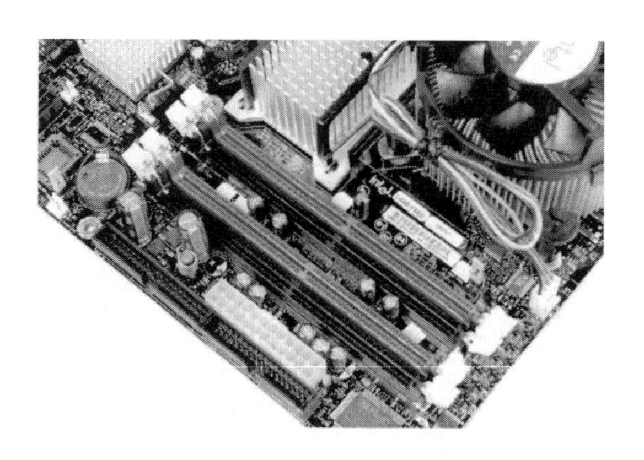

图 2-28

安装内存时，先用手将内存插槽两端的扣具打开，然后将内存平行放入内存插槽中（内存插槽也使用了防插反设计，反方向无法插入，大家在安装时可以对应一下内存与插槽上的缺口）。用两拇指按住内存两端轻微向下压，听到“啪”的一声响后，即说明内存安装到位（见图 2－29）。

图 2－29

在相同颜色的内存插槽中插入两条规格相同的内存，打开双通道功能，提高系统性能。到此为止，CPU、内存的安装过程就完成了。

■ 小结

安装内存条注意事项：

（1）卡扣脱离扣具，方便内存条插入卡槽；

（2）将内存凹口与内存插槽的凸口对齐；

（3）双手携内存两侧自上而下垂直插入主板的内存卡槽。内存安装需要特别注意，在安装内存同时不要触碰其他主板元件。触碰主板元件可造成元件脱落的严重后果，所以建议安装内存时要格外小心谨慎。在安装内存时，注意双手要凌空操作，不可触碰到主板上的电容以及其他芯片。

4. 安装显卡

如果计算机配置的是集成显卡，这一步可以跳过；一般目前主流 DIY 装机都会配有独立显卡，所以大家也必须学习一下安装独立显卡的方法。

显卡的安装原理与 CPU 安装相似，先用食指按下扣具，如图 2－30 所示。扣具初始是卡在 PCI 显卡接口上，首先让其脱离卡扣状态。

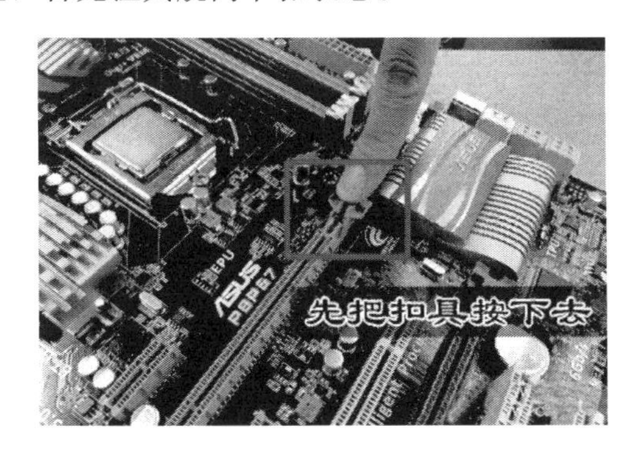

图 2－30

在卡扣降下打开后，将显卡垂直自上而下插到 PCI 显卡卡槽上。注意一定要养成双手上显卡的习惯，越是高端显卡越容易受力不均，所以安装显卡时一定要双手同步稍微用力将显卡插入显卡插槽中，同时需要注意显卡的防插反设计（见图 2－31）。

图 2 - 31

显卡是强调散热的硬件，独立风扇也是显卡的一大设计亮点，极易沉积灰尘造成显卡风扇噪声加大，所以用户定期清理显卡灰尘是非常有必要的。在对显卡进行拆卸时记得首先要按下显卡卡扣，当卡扣脱离开后，双手再将显卡垂直自下而上取出。

■ 小结

安装显卡注意事项：

(1) 卡扣脱离扣具，方便显卡插入卡槽；

(2) 显卡输出接口一侧朝向主板外侧；

(3) 双手携显卡上端自上而下垂直插入主板的 PCI—E 卡槽。

5. 连接主板电源线

(1) 主板供电接口。

在主板上，我们可以看到一个长方形的插槽，这个插槽就是电源为主板供电的插槽。目前主板供电的接口主要有 24 针（见图 2 - 32）与 20 针（见图 2 - 33）两种，在中高端的主板上，一般都采用 24 针的主板供电接口设计，低端的产品一般为 20 针。不论采用 24 针和 20 针，其插法都是一样的 。

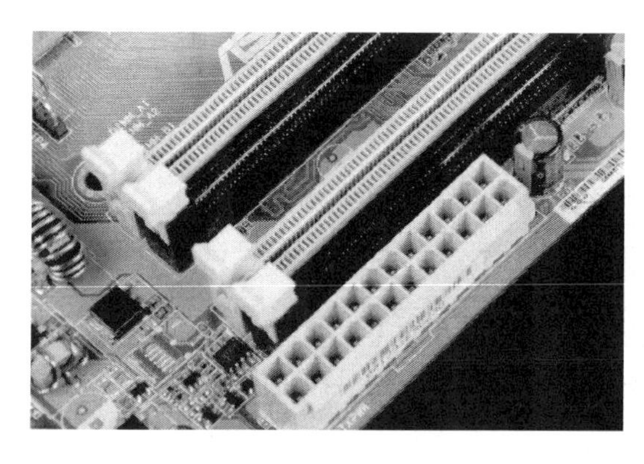

图 2 - 32

图 2 - 33

为主板供电的接口采用了防插反设计，只有按正确的方法才能够插入。

仔细观察也会发现在主板供电接口的一面有一个凸起的槽（见图 2－34），而在电源供电接口的一面也采用了卡扣式的设计，这样设计的好处一是为防止用户反插，另一方面也可以使两个接口更加牢固地安装在一起（见图 2－35）。

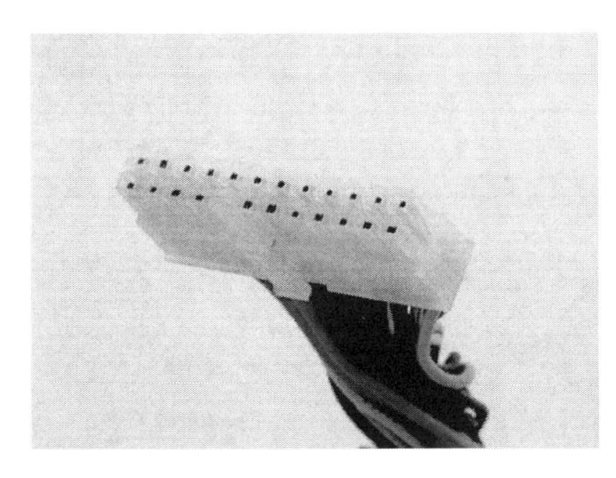

图 2－34

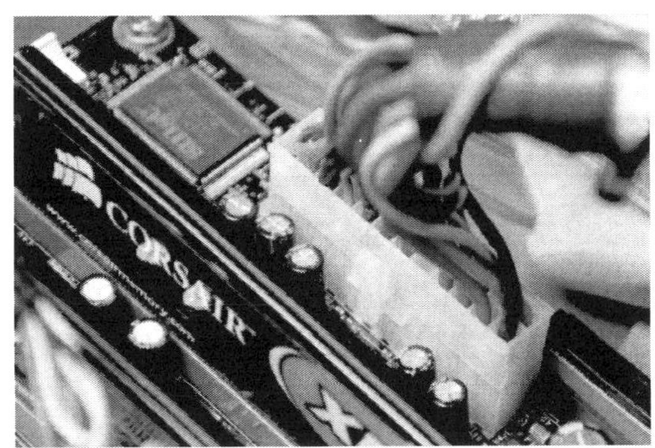

图 2－35

（2）CPU 供电接口。

为了给 CPU 提供更强更稳定的电压，主板上均提供一个给 CPU 单独供电的接口（有 4 针、6 针和 8 针三种），见图 2－36。电源提供的 CPU 供电接口与给主板供电同样使用了防插反设计（见图 2－37）。

安装方法与安装主电源接口的方法一样（见图 2－38）。

图 2－36

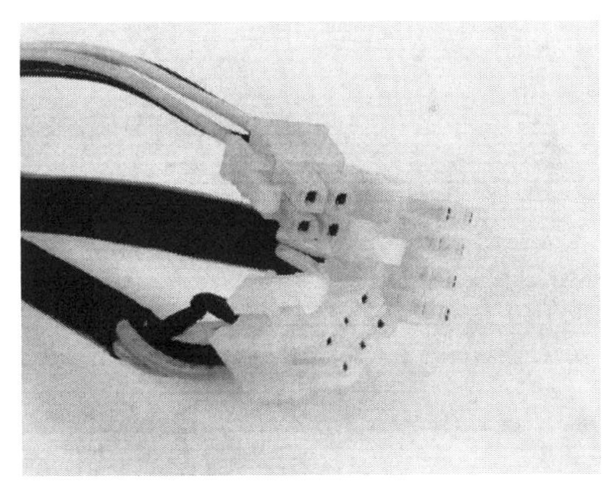

图 2－37

6. 最小系统开机测试

至此，主板、内存、CPU、显卡和电源都安装就绪（见图 2－39），接下来连接显示器、电源线进行开机检测。

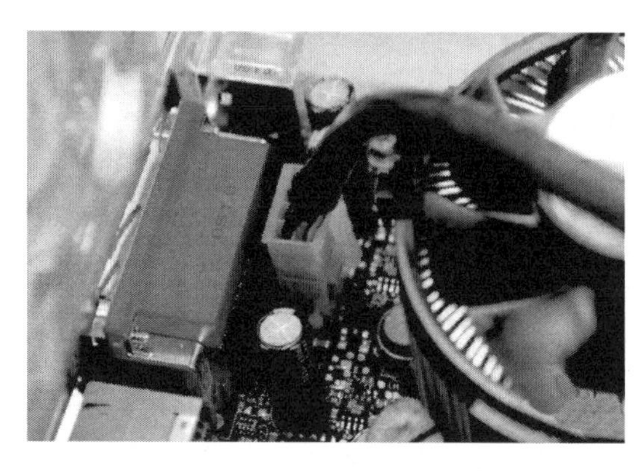

图 2-38

图 2-39

找到主板控制跳针上的开关（PWR－SW），使用镙钉旋具或钥匙等金属物对其进行短接（见图 2-40）。

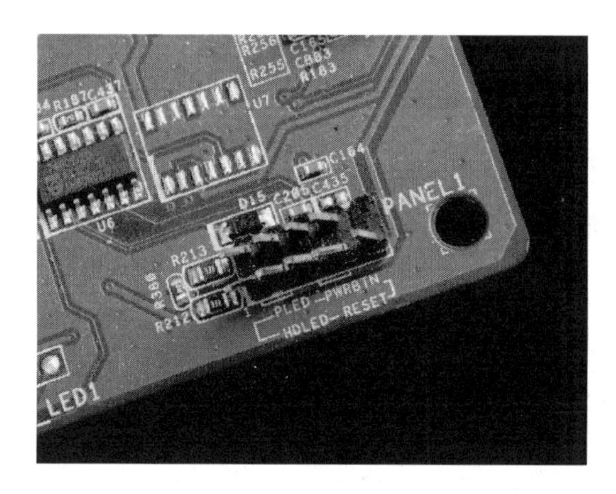

图 2-40

如配件性能完好、连接安装正确，主机便运转起来，显示器将显示系统自检信息。“最小系统法”安装、检测到此完成，接下来把电源线、显示信号线卸下，准备其他配件的安装。

【任务检测】

（1）简述 Intel CPU 安装时的注意事项。

（2）简述 AMD CPU 安装时的注意事项。

（3）简述 Intel 架构原厂风扇安装的步骤和注意事项。

（4）简述 AMD 架构原厂风扇安装的步骤和注意事项。

（5）安装内存条时要注意哪几点？

（6）安装显示卡时要注意哪几点？

（7）如何用“最小系统法”进行开机检测？

任务三　装机流程

【任务要点】

- 组装流程
- 内部接线

【任务分析】

台式机的组装虽没有固定的流程，可根据各种机箱的特性灵活地安装，但一般都遵循先 CPU、内存和主板，再电源、驱动器，最后扩展卡、内部接线的大流程来进行硬件组装。若某些部件安装次序不当，会导致其他部件不能正常安装。

机箱的内部接线需根据设备产品的设计和说明进行连接。虽不同型号产品的接线各有不同，但只要掌握各连接线的规格和作用，就可以轻松完成连线任务了。

【任务实现】

1. 装机流程

小黄看到显示器上出现的自检画面，内心满足感油然而生，接着就马上拉着老杨请教如何把其他配件装进机箱内？安装有没先后之分？老杨不慌不忙地解释说：其实，台式机的组装没有固定的流程，需根据各种机箱的特性灵活地安装，但以常见立式机箱来说，大部分按照以下流程来进行安装：

(1) 安装 CPU：在主板处理器插座上插入安装所需的 CPU，并且安装上散热风扇；

(2) 安装内存条：将内存条插入主板内存插槽中；

(3) 拆封机箱；

(4) 安装电源：将电源安装在机箱里；

(5) 安装主板：将主板安装在机箱主板上；

(6) 安装显卡：根据显卡总线选择合适的插槽；

(7) 安装声卡、网卡：现在市场主流的主板都集成了声卡和网卡，而独立的声卡、网卡多为 PCI 插槽；

(8) 安装驱动器：主要针对硬盘、光驱和软驱进行安装；

(9) 连接机箱与主板间的连线：即各种指示灯、电源开关线、扬声器的连接，以及硬盘、光驱和软驱电源线和数据线的连接；

(10) 连接电源线、外设：包括主机电源线、键盘、鼠标、显示器等外部输入/输出设备；

(11) 重新检查各个接线，准备进行测试。盖上机箱盖（理论上在安装完主机后，是可以盖上机箱盖了，但为了此后出问题时的检查，最好先不加盖，而是等系统安装完毕后再盖上）。

进行了上述的步骤，一般硬件的安装就已基本完成了。

2. 安装电源

选择先安装电源进机箱里面有一个好处，就是可防止若后面安装电源不小心而碰坏主板。

安装电源很简单，先将电源放进机箱上的电源位（见图 2－41），这个过程中要注意电源放入的方向性：

（1）电源的标识说明牌向上；

（2）电源接口向机箱外；

（3）电源线向机箱内。

放入电源后稍稍调整，并将电源上的螺钉固定孔与机箱上的固定孔对正，先拧上一颗螺钉，然后将剩下三颗螺钉孔对正位置拧上即可（见图 2－42）。

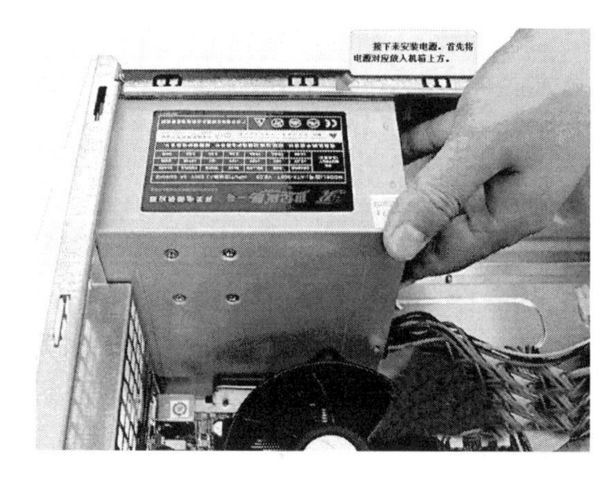

图 2－41

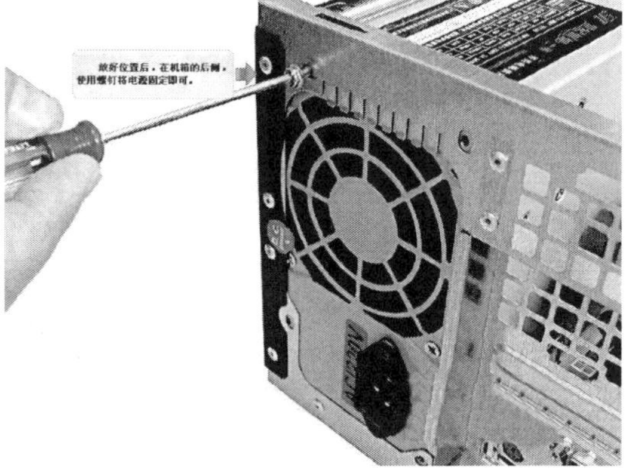

图 2－42

3. 安装主板

安装主板前，一定要先安装主板配件附送的挡板（见图 2－43），把机箱标配的拆掉。

安装时要让主板的键盘口、鼠标口、串并口和 USB 接口与机箱背面挡片的孔对齐（见图 2－44）。如等装好主板后才发现没有安装 I/O 挡板，就必须把主板拆下来后才能装上，费时还费力。

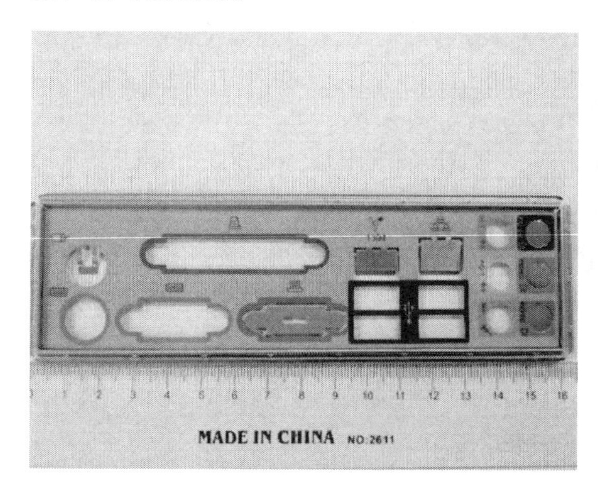

图 2－43

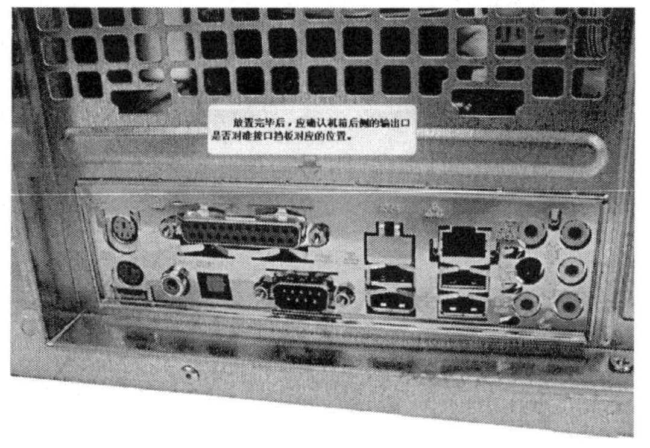

图 2－44

在机箱的侧面板上有不少孔，是用来固定主板的。而在主板周围和中间有一些安装孔，这些孔和机箱底部的一些圆孔相对应。安装主板有一定技巧，首先要对好主板和机箱的螺钉位，然后在机箱相应的螺丝位上安装金黄色铜柱或脚钉，一般是 6 或 9 个（见图 2-45）。

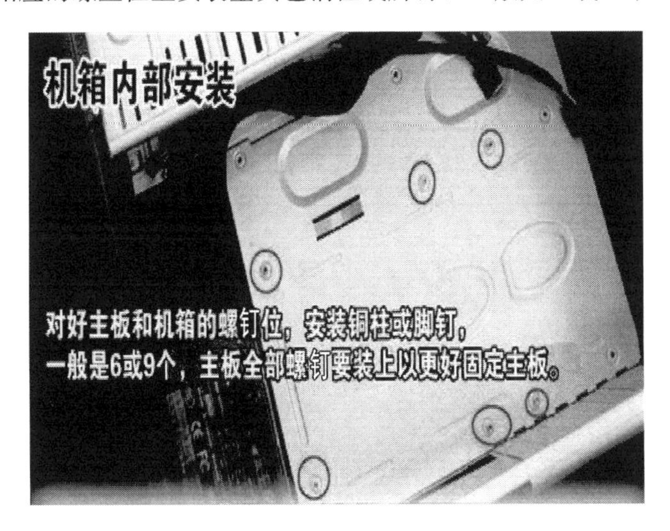

图 2-45

双手平行托住主板，将主板放入机箱中，确定机箱安放到位，可以通过机箱背部的主板挡板来确定。最后拧紧螺钉，固定好主板（见图 2-46）。在安装螺钉时，注意每颗螺钉不要一定性的就拧紧，等全部螺钉安装到位后，再将每颗螺钉拧紧，这样做的好处是随时可以对主板的位置进行调整。

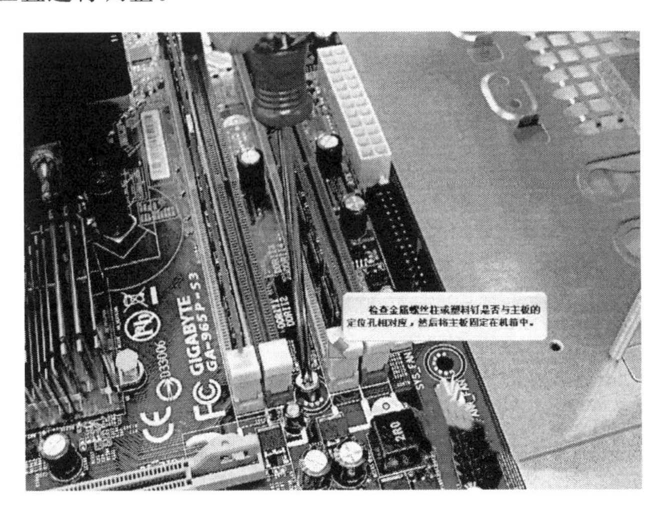

图 2-46

4. 安装显卡

现在独立显卡不是必须安装的配件了，因部分 CPU 或主板已集成了显卡，满足基本要求是没问题的。安装显卡没什么难度，把机箱挡板拆下，对准 PCI-E 插槽插上，然后拧上螺钉即可（见图 2-47）。如果主板有多条 PCI-E X16 插槽，优先接到靠近 CPU 端的那条，这样可以保证显卡是全速运行。

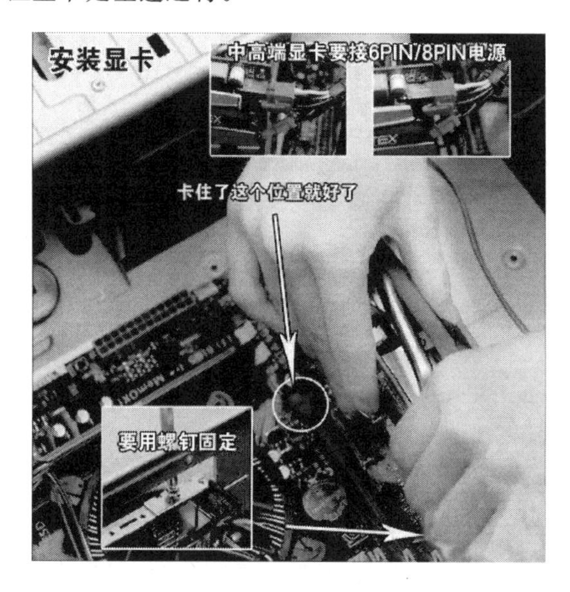

图 2-47

注意：市面上部分中高端独立显卡带有接独立 6 针或 8 针的供电接口。带有此类接口的显卡必须把对应的供电电源线接上，才能保证显卡有足够的电能供其正常工作。此 6 针或 8 针电源线转换线一般为显卡包装内自带，也有部分高端机箱电源配备此接口。

5. 安装声卡、网卡

■ 安装声卡

（1）找到空余的 PCI 插槽，并从机箱后壳上移除对应 PCI 插槽上的扩充挡板及螺钉。

（2）将声卡小心地对准 PCI 插槽并且垂直地插入 PCI 插槽中。注意：务必确认将卡上的金手指的金属触点与 PCI 插槽接触在一起（见图 2-48）。

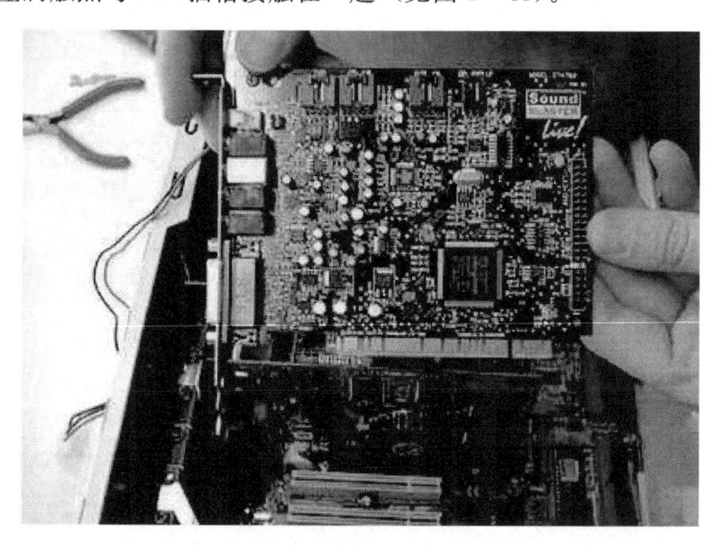

图 2-48

(3) 用螺钉旋具拧上卡槽螺钉，使声卡固定在机箱壳上。

(4) 确认无误后，重新开启电源，即完成声卡的硬件安装。

■ 安装网卡

网卡的安装与声卡的安装步骤一样（见图 2－49）。

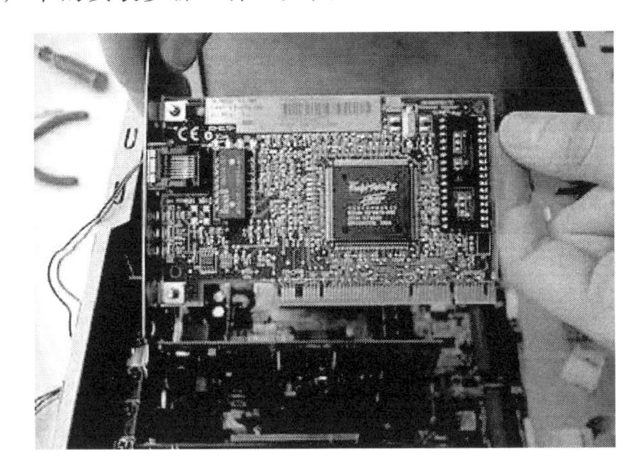

图 2－49

6. 安装驱动器

■ 安装硬盘

将宽度为 3.5 英寸的硬盘反向装进机箱中的 3.5 英寸的固定架，并确认硬盘的螺钉孔与固定架上的螺钉位置相对应，然后拧上螺钉（见图 2－50）。

图 2－50

■ 安装光驱

首先取下机箱的前面板用于安装光驱的挡板，然后将光驱反向从机箱前面板装进机箱的 5.25 英寸槽位。确认光驱的前面板与机箱对齐平整，在光驱的每一侧用两个螺钉初步固定，先不要拧紧，这样可以对光驱的位置进行细致调整，然后再把螺钉拧紧，这主要是考虑到机箱前面板的美观（见图 2－51）。

7. 连接机箱内部电源线、信号线、机箱面板接线

主板接线可以说是 DIY 门槛最高的一步，尤其是机箱上的电源灯、开关等线，即使是 DIY 老鸟，没有说明书的情况也觉得头痛。

我们先看硬盘灯、电源灯、开关、重启和扬声器这五个老大难问题，最简单的方法是查找主板说明书，找到相应的位置，对应接线（见图 2-52）。记住一个最重要的规律，彩色是正极、黑/白是负极。

图 2-51

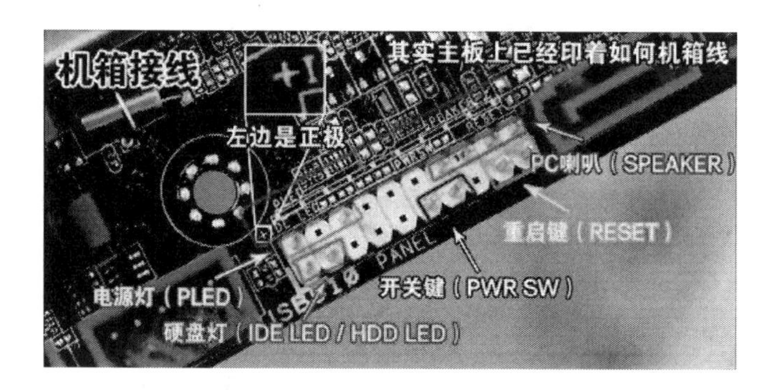

图 2-52

图 2-53 是机箱与主板电源的连接示意图。其中：

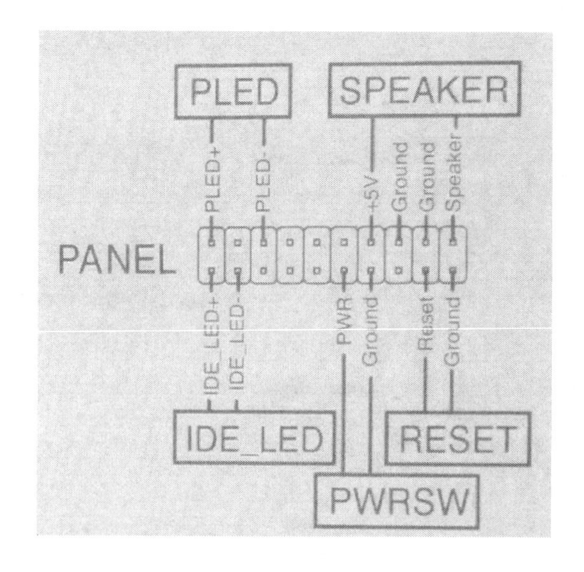

图 2-53

PWR 是电源接口，对应主板上的 PWR SW 接口；

RESET 为重启键的接口，对应主板上的 RESET 插孔；

SPEAKER 为机箱的前置报警扬声器接口，我们可以看到是四针的结构，其中红线的那条线为+5V 供电线，与主板上的+5V 接口相对应；

IDE _ LED 为机箱面板上硬盘工作指示灯，对应主板上的 HDD _ LED；

PLED 为计算机工作的指示灯，对应插入主板即可。需要注意的是，硬盘工作指示灯与电源指示灯分为正负极。

■ 小结

机箱接线英文标识的意思：

HDD LED：硬盘灯；

POWER LED：电源灯；

RESET SW：重启键；

POWER SW：开关；

PC SPEAKER：PC 扬声器；

LED 的接线是指示灯，需分正负极，一般彩色是正极、黑/白是负极。SW 的接线是开关按钮，不区分正负极。

■ 驱动器接线

目前常见的驱动器主要有 IDE 和 SATA 两种接口，下面将分别介绍这两种接口的电源线与数据线的接线方法。图 2-54 为两种接口的对比（上：SATA，下：IDE）。

图 2-54

（1）IDE 篇。

IDE 接口并没有在主板上消失，这是因为目前仍有部分光驱依旧采用 PATA 接口。IDE 的数据线采用的是 80 线 40 针的条带式数据线，安装方法也相对简单，主板的 IDE

接口外侧中部有一个缺口，同样在 IDE 数据线上一侧的中部有一个凸出来的部分，这两部分正确结合后才能顺利插入。IDE 的供电采用的是普通四针梯形供电接口，连接时也只需对应梯形的斜边方向插入即可，方向反了也无法安装（见图 2－55）。

图 2－55

（2）SATA 篇。

SATA 即串行 ATA 接口，是目前主流的驱动器接口。SATA 接口采用四芯接线数据线，安装方法也相对简单，数据线与电源线采用的是同一种防插反设计：接口一侧带直角转角，另一侧不带；方向反了无法安装（见图 2－56）。

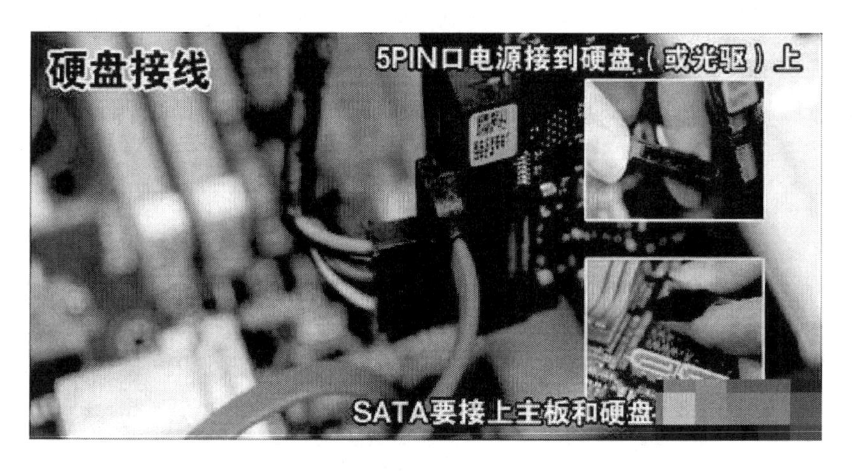

图 2－56

■ 前置 USB 接线

机箱前面板前置 USB 的连接线，其中 VCC 用来供电，USB2－与 USB＋分别是 USB 的负正极接口，GND 为接地线。在连接 USB 接口时大家一定要参见主板的说明书，仔细地对照，如果连接不当，很容易造成主板的烧毁（见图 2－57）。

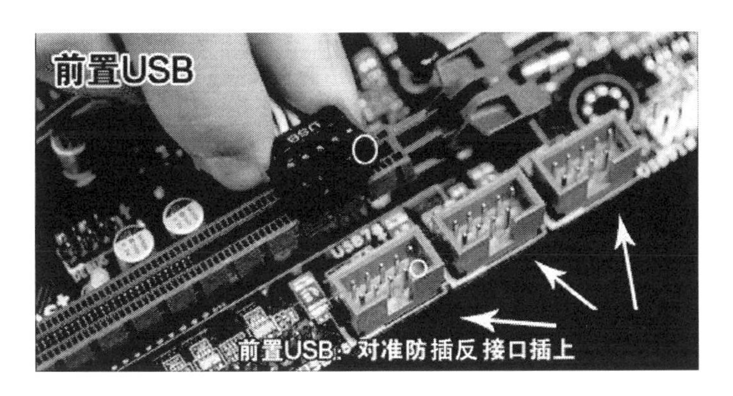

图 2 - 57

【任务检测】

(1) 简述微型计算机的硬件组装流程。

(2) 简述电源安装时的注意事项。

(3) 简述主板安装的步骤和注意事项。

(4) 简述机箱内部连线的步骤和注意事项。

项目三 BIOS 的设置

小黄认为将计算机组装完成后，就可以使用计算机了。等他启动计算机，发现什么也没有，屏幕上全是英文，也不知道说的是什么，赶紧找老杨求救。老杨看着小黄焦急的样子，笑呵呵地说："组装完了计算机，并不代表计算机可以使用了，还有很多工作要做呢！如安装操作系统、驱动程序和各种软件，而在这之前，还需要对 BIOS 进行相关的设置，并对硬盘进行分区和格式化处理。"小黄一听，顿时来了精神，马上缠着老杨，要求学习设置 BIOS 等操作。

任务一 认识 BIOS

【任务要点】

- BIOS 和 CMOS
- BIOS 的基本功能和常见类型

【任务分析】

老杨告诉小黄，BIOS 保存着 CPU、显卡、内存、硬盘等重要部件的相关信息，这些信息存储在一块可读写的 CMOS RAM 芯片中，为计算机提供最底层、最直接的硬件设置和控制。要设置 BIOS 参数，先要了解什么是 BIOS。

【任务实现】

1. BIOS

BIOS（Basic Input/Output System）即基本输入/输出系统，是主板上一组固化在 ROM 芯片的程序，保存着计算机系统最重要的基本输入输出程序、开机上电自检程序及系统启动自举程序、系统设置信息。它负责开机时对系统各项硬件进行初始化设置和测试，以保证系统能够支持工作。

2. CMOS

CMOS 是指计算机主板上的一块可读写的 RAM 芯片。CMOS RAM 是 BIOS 设置系统参数的存放场所，包括计算机系统的实时信息和硬件配置信息等。系统在加电引导时，要读取 CMOS 信息，用来初始化计算机各个部件的状态。它靠系统电源盒后备电源来供电，系统断电后其信息不会丢失。

通过 BIOS 设置程序可以对 CMOS 参数进行设置。

3. BIOS 的基本功能

BIOS 的功能在很大程度上决定了主板的性能，它主要包括了开机自检、程序服务处理程序和硬件终端处理程序等。

■ 开机自检

启动计算机时 BIOS 将立即运行，并对计算机的硬件进行检测和初始化操作，即进行开机自检，这一过程包括 CPU、内存、显卡、声卡和网卡设备的检测和初始化，以及键盘和鼠标等设备的检测和初始化，如果在检测和初始化的过程中发现硬件故障，则 BIOS 将在显示屏上提示故障设备的名称及故障原因。

在完成硬件的检测和初始化后，BIOS 将引导计算机进入操作系统。在这一过程中 BIOS 先从光盘或硬盘的引导扇区读取引导信息，通过该信息计算机可进入操作系统。如果没有找到相关信息，BIOS 会在显示器上提示相关的错误内容。完成计算机启动后，BIOS 的开机自检任务自动结束。

■ 程序服务处理程序

程序服务处理程序是为让操作系统或应用程序使用计算机的输入/输出设备而设置的一种程序。在程序服务处理程序运行时，BIOS 会在操作系统或应用程序和输入/输出设备之间进行信息交流，通过计算机的输入/输出设备之间进行信息交流，通过计算机的输入/输出端口发出命令，向相应的设备传送数据并同时接收从这些设备传回的数据。

■ 硬件中断处理程序

硬件中断处理程序运行时，BIOS 是通过调用中断处理程序来实现信息交流的。由于 BIOS 的程序服务处理程序分为很多组，所以每组调用一个专门的硬件中断处理程序。

4. BIOS 的主要类型

BIOS 主要分为 Phoenix - Award BIOS 和 AMI BIOS 两种，其中 Phoenix - Award BIOS 是 Phoenix 和 Award Software 合并后推出。

■ Phoenix - Award BIOS

Phoenix - Award BIOS 是 Phoenix 公司开发的 BIOS 程序。Award BIOS 是由 Award Sostware 公司开发的 BIOS 程序，两个公司合并后，推出的 Phoenix - Award BIOS 是目前主板上使用最广泛的 BIOS（见图 3 - 1）。

■ AMI BIOS

AMI BIOS 是由 AMI 公司开发的 BIOS 程序。在早期的计算机中使用较广，现只有部分计算机采用该 BIOS 设置（见图 3 - 2）。

【任务检测】

（1）BIOS 的功能主要包括____、____、____。

（2）____是主板上一组固化在 ROM 芯片的程序。

（3）BIOS 主要分为____和____。

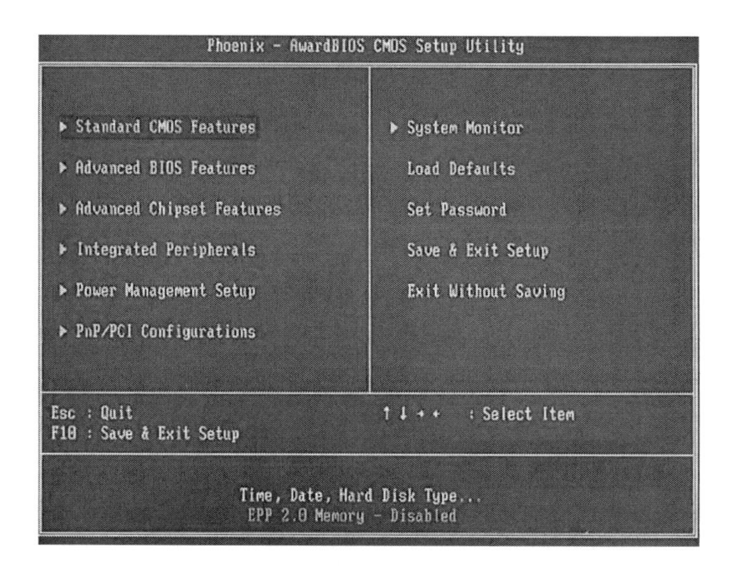

图 3 - 1

图 3 - 2

任务二　设置 BIOS

【任务要点】

- 进入 BIOS 设置的方法
- BIOS 设置的操作方法
- BIOS 的基本设置

【任务分析】

经过老杨的介绍，小黄明白了什么是 BIOS，他继续追问道：那如何进入 BIOS 和进行相关设置呢？老杨就开始介绍进入 BIOS 和设置 BIOS 的方法。

【任务实现】

1. 进入 BIOS 设置界面

不同 BIOS 的进入方法也有所不同，通常在计算机开机的最初几秒钟内按下键盘上的某个或某几个键才能进入 BIOS 设置界面。

■ Phoenix - Award BIOS

按【Delete】键可进入设置界面。

■ Award BIOS

按【Ctrl＋Alt＋Esc】组合键、【Esc】键或【Delete】键都可进入设置界面。

■ AMI BIOS

按【Delete】或【Esc】键可进入设置界面。

■ AST BIOS

按【Ctrl＋Alt＋Esc】组合键可进入设置界面。

2. BIOS 设置的操作方法

进入 BIOS 设置界面后，可按如下的快捷键进行操作。

■ 方向键

方向键【←】、【→】、【↑】、【↓】用于在各设置选项间切换和移动。

■【Enter】键

确认或显示选项的所有设置值并进入选项子菜单。

■【＋】或【Page Up】键

用于切换选项设置值（递增）。

■【—】或【Page Down】键

用于切换选项设置值（递减）。

■【F5】键

用于载入选项修改前的设置值（上一次设置的值）。

■【Esc】键

回到前一级画面或是主画面，或从主画面中结束程序设置。按此键也可不保存设置直接退出 BIOS 程序。

■【F6】键

用于载入选项的默认值（最安全的设置值）。

■【F1】键或【Alt＋H】组合键

弹出帮助（help）窗口，并显示说明所有功能键。

■【F7】键

用于载入选项的最优化默认值

3. BIOS 设置的参数

BIOS 中可设置的参数有很多，每种设置都针对某一类或几类硬件系统，因此设置时会有一些差异。但对于主要的设置选项，各类 BIOS 程序基本相同。

在 Standard CMOS Features（标准 CMOS 设置）设置菜单中重要选项的含义如下。

■ Date (mm: dd: yy)

按照月：日：年的格式设置日期。

■ IDE Primary Slave

设置第一个从 IDE 设备（硬盘或 CD - ROM）。

■ Time (hh: mm: ss)

按照小时：分钟：秒钟的格式设置时间。

■ IDE Secondary Master

设置第二个主 IDE 设备（硬盘或光盘驱动器）。

■ IDE Primary Master

设置第一个主 IDE 设备（硬盘）。

■ IDE Secondary Slave

设置第二个从 IDE 设备（硬盘或光盘驱动器）

在 Advanced BIOS Features（高级 BIOS 设置）设置菜单中重要选项含义如下。

■ Virus Warning

病毒警告。

■ Second Boot Device

设置系统启动的第二引导驱动器。

■ Quick Power On Self Test

加快系统自检的速度。

■ Boot Up Floppy Seek

设置系统启动时是否搜索软驱。

■ First Boot Device

设置系统启动的第一引导驱动器。

■ Boot Up NumLock Status

设置系统启动时键盘数字键的状态。

其他参数设置的含义如下。

■ Load Fail - Safe Defaults

选择 Load Fail - Safe Defaults（安装失败后默认安全设置）设置选项，系统会弹出一个提示框，在键盘上按【Y】键，并按【Enter】键安装失败后默认安全设置；按【N】键，再按【Enter】键则不安装失败后默认安全设置。

■ Set User Password

选择 Set User Password（设置用户密码）设置选项，将弹出一个提示框，正确输入两次相同密码后按【Enter】键可设置用户密码。

■ Load Optimized Defaults

选择 Load Optimized Defaults（安装最优化默认设置）设置选项，系统会弹出一个提示框，在键盘上按【Y】键，并按【Enter】键安装最优化默认设置；按【N】键，再按【Enter】键则不安装最优化默认设置。

■ Save & Exit Setup

选择 Save & Exit Setup（保存后退出）设置选项，将弹出提示框，按【Y】键后按【Enter】键即保存设置并退出 BIOS 程序；按【N】键后按【Enter】键则返回 BIOS 设置。

■ Set Supervisor Password

选择 Set Supervisor Password（设置超级用户密码）设置选项，将弹出一个提示框，正确输入两次相同密码后，按【Enter】键可设置超级用户密码。

■ Exit Without Setup

选择 Exit Without Setup（不保存退出）设置选项，系统会弹出一个提示框，按【Y】键后按【Enter】键，不保存设置并退出 BIOS 程序；按【N】键后按【Enter】键则返回 BIOS 设置。

4. BIOS 的基本设置

组装计算机后需要进行的基本 BIOS 设置，包括设置系统的时间、启动顺序、密码和保存退出。

（1）设置系统日期。

本例先设置系统的日期和时间，将系统日期修改为 2012 年 5 月 18 日，然后保存设置并退出 BIOS，其具体操作如下（见图 3－3）。

■ 设置日期

启动计算机，按【Delete】键进入 BIOS 设置主界面。按方向键选择 Standard CMOS Features 选项后按【Enter】键。在打开界面中的 Date 选项中按【Page Up】或【Page Down】键先将月份调整为 5 月（May）。

按【→】键将光标移动到日期选项上，按【Page Down】键将日期调整为 18。然后用同样的方法将年份调整为 2012。

■ 保存并退出

按【F10】键，打开 Save&Exit Setup 提示对话框，按【Y】键后，再按【Enter】键，保存并退出 BIOS 设置。

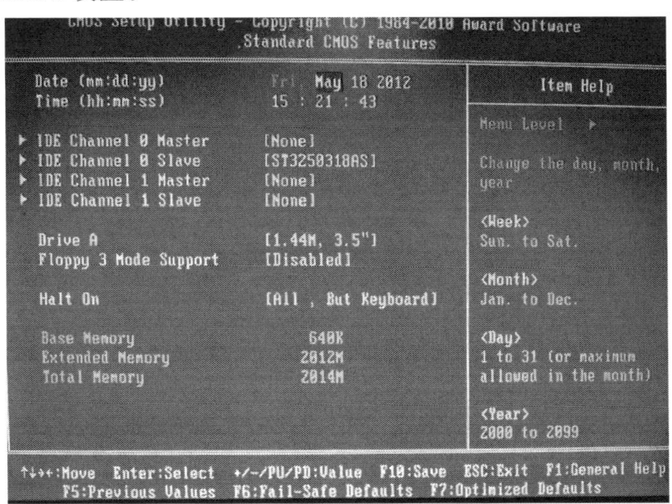

图 3－3

(2) 设置系统启动顺序。

本例将设置光驱为第一引导顺序，因为组装计算机后，光驱还无法引导计算机启动，需要使用硬盘中的引导程序引导计算机启动。在 BIOS 中设置光驱为第一引导顺序的目的就是在启动计算机后，最优先的引导设备为光驱，这样就能直接通过光驱中的光盘引导计算机启动，其具体操作如下。

■ 打开设置界面

进入 BIOS 设置，在 BIOS 的主界面中选择 Advanced BIOS Features 选项并按【Enter】键。在打开的设置界面中，选择 First Boot Device 选项并按【Enter】键。

■ 设置选项

在打开的提示框中，选择 CDROM 选项，然后按【Enter】键。按【F10】键，在打开的提示对话框中按【Y】键，再按【Enter】键保存。

(3) 设置 BIOS 密码。

BIOS 的密码分为超级用户密码和用户密码两种。使用超级用户密码可以进入 BIOS 或操作系统，并可在 BIOS 中更改设置；而使用用户密码只能进入操作系统，不能更改 BIOS 设置。在设置 BIOS 密码前需要在 Advanced BIOS Features 设置界面中设置 BIOS 密码的应用范围，本例将设置超级用户密码，其具体操作如下。

■ 打开设置界面

在 BIOS 的主界面中选择 Set Supervisor Password 选项，并按【Enter】键。在打开的对话框中输入超级用户密码，然后按【Enter】键（见图 3-4）。

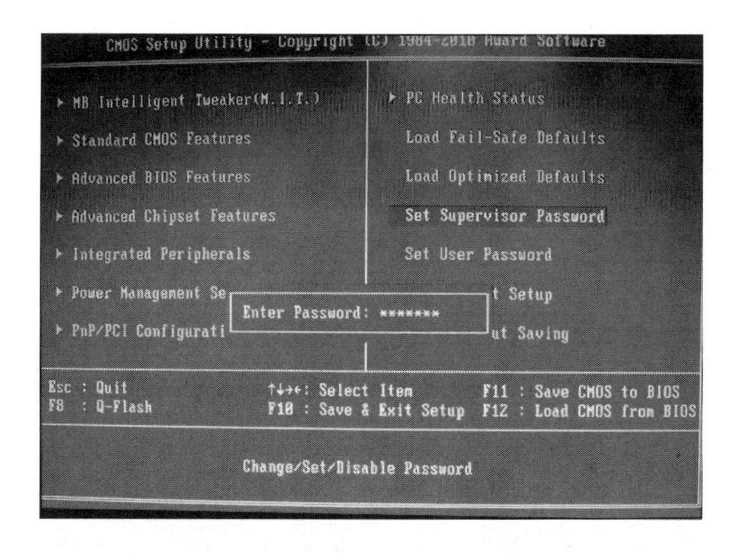

图 3-4

■ 确认密码

在打开的对话框中再一次输入相同的密码以确认。设置完成后按【F10】键，在打开的提示对话框中按【Y】键，再按【Enter】键保存设置（见图 3-5）。

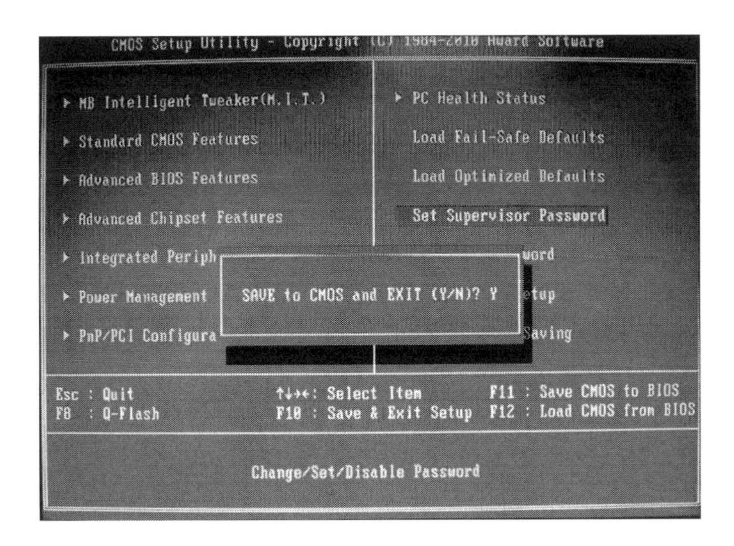

图 3－5

【任务检测】

（1）设置 BIOS 的用户密码为 123456。

（2）设置 BIOS 的第一引导顺序为光驱。

任务三　升级 BIOS

【任务要点】

- 获取 BIOS 种类和版本的方法
- 下载 BIOS 升级文件的方法
- 选择与 BIOS 类型相对应的刷新软件

【任务分析】

老杨对小黄说：早期生产的主板，可能无法正确识别新式的 CPU、硬盘、声卡、显卡和网卡等硬件，此时可以考虑升级主板 BIOS。BIOS 升级后可提高硬件与系统的兼容性，支持更多的新功能。但是，如果在升级 BIOS 的过程中操作不当，就很有可能对主板和其他硬件造成永久性的损害，因此升级 BIOS 具有一定的风险。为了减少这种风险，就要先了解一些升级 BIOS 的相关知识，然后才可以对 BIOS 进行升级操作。

【任务实现】

1. BIOS 升级前的准备工作

为了避免升级失败出现故障，并成功地完成 BIOS 的升级，在介绍升级 BIOS 前，应做好一些相应的准备工作。

■ 确认主板 BIOS 的种类和版本

在升级 BIOS 前必须了解 BIOS 的种类和版本，不同种类的主板，其 BIOS 升级方法会有差异，下面介绍几种常用的确认主板 BIOS 的种类和版本的方法。

■ 通过开机画面查看

在启动计算机进行自检时，按【Pause】键，暂停开机画面，此时屏幕上的第一行（或前两行）位置显示即为 BIOS 的品牌及版本号码；屏幕最下方显示 BIOS 表示 ID 号，这些信息中包括了主板所采用的芯片组、生产厂商、BIOS 版本和 BIOS 的日期等内容，通过这些号码可以获得有关该主板的准确信息。

■ 通过测试软件查看

通过 Windows 优化大师、鲁大师软件也可查看主板 BIOS 型号。打开鲁大师软件，单击上方的“硬件检测”按钮，在下方选择“主板”选项卡，即可显示当前 BIOS 信息。

■ 下载正确的 BIOS 升级文件

当确认了主板厂商、型号及 BIOS 版本信息后，还必须找到 BIOS 升级文件，即 BIOS 更新程序。不同的主板厂商都会不定期推出其 BIOS 的升级文件，并将其放置于该厂商的网址，可以通过搜索引擎在网上搜索，再找到相应的厂商官方网站上下载 BIOS 升级文件即可。

■ 选择与 BIOS 类型相对应的刷新软件

在下载了正确的 BIOS 升级文件后，还需要使用与 BIOS 类型相对应的刷新软件才能对 BIOS 进行升级。通常情况下，在购买主板时附带的光盘中就含有 BIOS 的刷新软件。

BIOS 刷新软件主要有 AMIFlash 和 AWDFlash 两个，其中 AMIFlash 常用于 AMI BIOS 的升级，AWDFlash 主要用于 Award BIOS 的升级，另外，一些著名的主板，如华硕 ASUS，会提供一个升级程序，如 Alfash. exe 用于更新华硕主板上的 BIOS。需要注意的是，这些 BIOS 升级程序都必须在纯 DOS 模式下运行。

2. 其他准备工作

在升级 BIOS 的过程中可能还会遇到各种各样的问题，因此在升级前还需要如下一些准备工作。

■ 确认是否有 BIOS 防止写入的跳线

有些主板为了防止 CIH 病毒侵入 BIOS 而设定了一个 BIOS 防写入跳线，因此在升级之前需要将其设定为允许写入的状态，否则 BIOS 写入就无法完成。具体的资料可查阅主板说明书，需要注意的是，跳线设定必须要在关机状态下进行。

■ 备份和还原 BIOS 数据

为了避免升级过程中出现断电和其他无法升级成功的情况，在运行相关的 BIOS 升级程序后根据提示先以文件形式保存当前主板 BIOS 中的内容，以防数据丢失，当出现不能开机的情况时用备份盘中的文件进行还原。也可以使用 Norton Utililies 2000 和 Memory Utility 等工具来备份还原 BIOS 数据。

■ 制作 DOS 启动盘

制作一张不含有 Autoexec. bat 和 Config. sys 文件的系统引导盘，将升级程序和下载升级文件复制到 U 盘中。

■ 关闭主板自动防病毒功能

一些主板具有防止病毒攻击 BIOS 的功能，若不关掉该功能，主板会把升级操作误当做病毒入侵而拒绝执行，因此需要 Advanced BIOS Features 选项中找到 Anti Virus Protection选项，将其设定为 Disable，即关闭主板自动防病毒功能。

【任务检测】

（1） BIOS 升级前要做好什么准备工作?

（2） 使用 U 盘完成制作启动盘的操作。

项目四
硬盘分区与格式化

小黄学会了 BIOS 设置的相关操作后，要老杨讲解有关硬盘分区和格式化的知识，老杨对他说："对硬盘进行分区就是将硬盘划分为几个独立的部分，每个部分即为一个硬盘分区。在计算机中看到的 C 盘、D 盘就是硬盘分区，在硬盘分区中又可以设置不同类型的文件系统，而格式化是一种硬盘的初始化操作，只有对硬盘进行格式化后才能够使用。"

任务一　认识硬盘分区

【任务要点】

- 了解硬盘分区的类型、文件系统格式和分区规划
- 了解硬盘格式化的类型

【任务分析】

老杨告诉小黄，在安装操作系统之前，必须先对硬盘进行分区和格式化。在进行硬盘分区和格式化的操作之前，先要了解清楚硬盘分区的类型、文件系统格式，然后做好分区规划。

【任务实现】

1. 硬盘分区的类型

硬盘分区按其存储内容不同可分为主分区、扩展分区和逻辑分区 3 种。各分区的特点介绍如下。

■ 主分区

主分区是硬盘的启动分区，是独立的分区，也是硬盘的第一个分区，主分区中不能再划分其他类型的分区，因此主分区相当于一个逻辑磁盘，其中包含了操作系统启动时所需的文件和数据。

■ 扩展分区

划分主分区后，该磁盘其余的部分可以划分成扩展分区，但扩展分区是不能直接使用的，必须以逻辑分区的方式来使用。扩展分区可划分成若干个逻辑分区。

■ 逻辑分区

逻辑分区：逻辑分区是从扩展分区中分配出来的，即同一个硬盘中所有的逻辑分区组成了扩展分区。只有操作系统兼容的逻辑分区的文件格式才能被访问。逻辑分区的盘符默认从 D：开始（前提条件是硬盘中只存在一个主分区）。

2. 分区的文件系统格式

文件系统格式是一种控制文件存储属性的技术规范，在计算机中复制或粘贴文件时，计算机会根据当前硬盘分区的文件系统格式，自动进行相应的文件存储属性设置。现在常用的分区文件系统格式主要有 FAT、FAT32 和 NTFS，其特点介绍如下：

■ FAT

它是过去主流的文件系统格式，所有的 Windows 操作系统都支持该文件系统格式。该分区格式支持的最大分区为 2GB。不过由于 FAT 占用的簇较大，因此浪费磁盘空间严重，目前只有数码相机等数码设备仍采用这种文件系统格式。

■ FAT32

该文件系统格式采用 32 位的空间分配表，支持的分区容量更大，让硬盘的管理能力大大增强，在分区容量小于 8GB 时每簇的容量为 4KB，大大节省了硬盘空间。

■ NTFS

它是一种比 FAT32 更强大的文件系统格式，这种文件系统格式占用的簇更小，支持的分区容量更大，还引入了一种文件恢复机制，可最大限度地保证数据的安全。Windows NT/2000/XP/2003/Vista/7 等操作系统都支持这种文件系统格式。

3. 分区的规划

为了减少因硬盘划分不合理而造成的风险，避免不必要的麻烦，有必要对硬盘的分区结构进行规划。硬盘对分区的管理是有限制的，在理论上一块硬盘最多存在四个主分区（Primary Partition），而且只能有一个活动分区。因此，主分区（包括扩展分区）范围是 1～4，逻辑分区则是从 5 开始。所有逻辑分区（Logical Partition）的集合，即扩展分区（Extended Partition）也是一个主分区，扩展分区下可以包含多个逻辑分区。

合理的分区能使分区不受约束。分区时应该主分区在前，扩展分区在后，然后在扩展分区中划分逻辑分区，主分区的个数加上扩展分区个数一般控制在四个以内，下面列出几种分区方案。

创建硬盘分区的正确顺序是先创建主分区，再创建扩展分区，接着创建逻辑分区，最后激活主分区。

■ 方案一

[主分区 1][扩展分区] [逻辑分区 5] [逻辑分区 6][逻辑分区 7][逻辑分区 8]……

■ 方案二

[主分区 1][主分区 2][扩展分区][逻辑分区 5][逻辑分区 6][逻辑分区 7][逻辑分区 8]……

■ 方案三

[主分区 1][主分区 2][主分区 3][扩展分区][逻辑分区 5][逻辑分区 6][逻辑分区 7][逻辑分区 8]……

■ 方案四（不合理的分区）

[主分区 1] [主分区 2] [主分区 3] [主分区 4] [空白为分区空间] [逻辑分区 5] [逻辑分区 6] [逻辑分区 7] [逻辑分区 8] ……

4. 硬盘格式化的类型

硬盘格式化按应用区域的不同可分为低级格式化和高级格式化两种。

■ 低级格式化

简称"低格"，为硬盘重新划分存储区域，它是全新的硬盘在使用前必须进行的一项操作，目前大多数硬盘在出厂之前已进行了低格操作。由于低格是一种损耗性操作，会缩短硬盘的使用寿命，所以不要轻易对硬盘进行低级格式化。

■ 高级格式化

即重置某个硬盘分区表，通常所说的对某个分区进行格式化，即指用高级格式化重置该硬盘分区表。高级格式化只会清除硬盘中的数据，不会影响硬盘性能。

【任务检测】

(1) 硬盘分区的文件系统格式有哪几种？

(2) 硬盘格式化按应用区域的不同可分为哪两种类型？

任务二　硬盘分区与格式化

【任务要点】

- 掌握使用分区软件 PartitionMagic 完成硬盘分区和格式化的操作

【任务分析】

老杨告诉小黄，在安装操作系统之前，必须先对硬盘进行分区和格式化。可以考虑使用分区软件 PartitionMagic 完成硬盘分区和格式化的操作。

【任务实现】

1. 使用 PartitionMagic 完成硬盘分区的操作

PartitionMagic 是目前使用最普遍的一款分区软件，它可以在不损失硬盘中已有数据的前提下对硬盘进行分区和格式化等操作。下面使用 PartitionMagic 对一个 4GB 的硬盘进行分区，要求分一个 3GB 的 FAT32 文件系统格式的主分区，其余为 FAT32 文件系统逻辑分区，其具体操作如下。

(1) 启动计算机。

启动计算机，按照前面讲解的方法将 BIOS 第一引导顺序设置为光驱。将 DOS 版 PartitionMagic 程序的引导光盘放入光驱，重新启动计算机后，在显示的菜单选择界面中选择 1. Start computer with CD-ROM support 命令并按【Enter】键。

(2) 启动 PartitionMagic。

进入 DOS 系统，并在命令行后输入“PartitionMagic”，按【Enter】键，启动 PartitionMagic 程序（见图 4－1）。

图 4－1

（3）选择分区的硬盘。

进入 PartitionMagic 程序的主界面，在下面的列表框中选择需要分区的硬盘，该选项呈蓝底白字样式。

（4）创建主分区。

打开“建立分割磁区”对话框，在“建立为”下拉列表框中选择“主要分割磁区”选项。在“分割磁区类型”下拉列表框中选择 FAT32 选项。在“大小”文本框中输入“3000”，之后单击“确定”按钮（见图 4－2）。

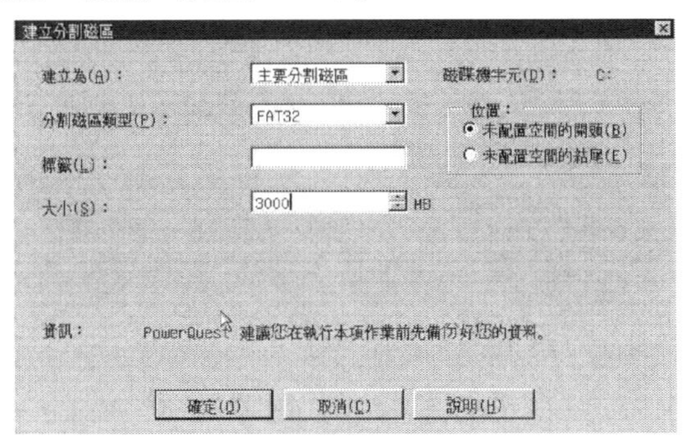

图 4－2

（5）返回主界面。

返回主界面，在下面的列表框中显示了硬盘的剩余未分配的空间（见图 4－3）。

（6）创建逻辑分区。

打开“建立分割磁区”对话框，在“建立为”下拉列表框中选择“逻辑分割磁区”选项。在“分割磁区类型”下拉列表框中选择 FAT32 选项。在“大小”文本框中输入“1090.3”。之后单击“确定”按钮（见图 4－4）。

（7）开始分区。

返回主界面，在列表框中即可看到划分的硬盘分区，检查分区结果无误后单击“执

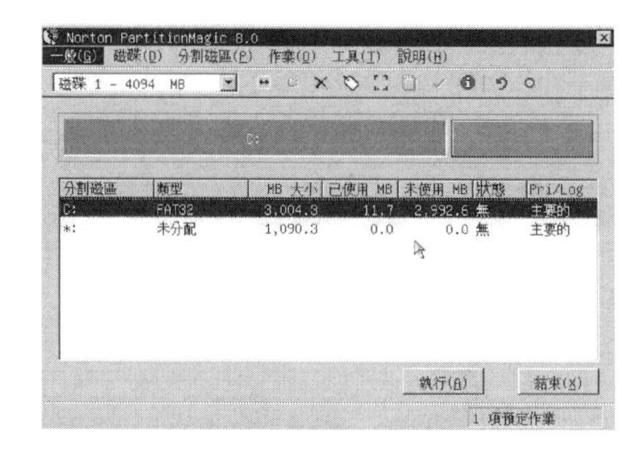

图 4-3

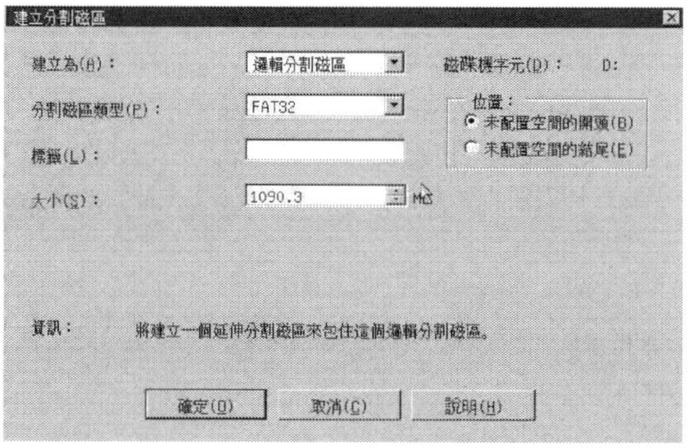

图 4-4

行”按钮。

(8) 确认操作。

弹出“执行变更”提示框，询问是否进行分区操作，单击“是”按钮（见图 4-5）。

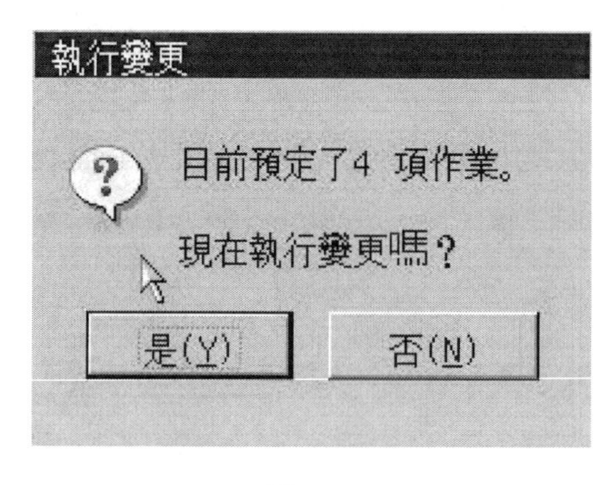

图 4-5

(9) 完成分区。

程序将打开“批次程序”对话框，开始按照前面的设置对硬盘进行分区，并显示整个进程。所有操作完成后，显示“已完成所有作业”的提示，单击“确定”按钮。

2. 硬盘格式化操作

硬盘的格式化是一种硬盘的初始化操作，即在磁盘中建立磁道和扇区，磁道和扇区建立好之后才可以使用磁盘来储存数据。下面使用 PartitionMagic 进行硬盘格式化。

(1) 选择格式化分区。

PartitionMagic 主界面，在列表框中选择需要格式化的分区。

在菜单栏中选择“作业”/“格式化”命令（见图 4-6）。

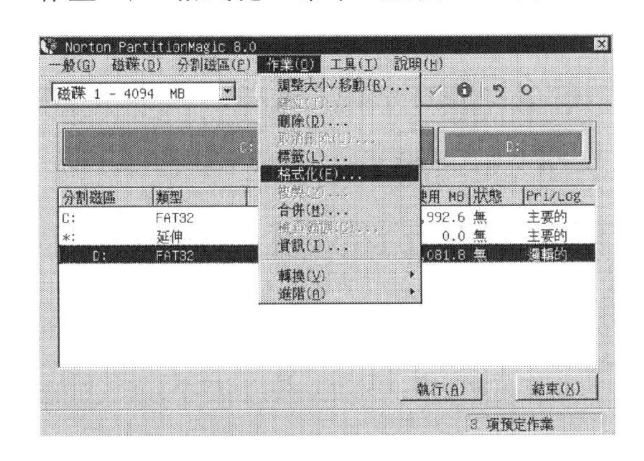

图 4-6

(2) 格式化分区。

打开“格式化分割磁区”对话框，在“分割磁区类型”下拉列表框中选择 FAT32 选项。在“请输入‘OK’以确认分割磁区格式”文本框中输入“OK”（见图 4-7）。单击“确定”按钮。返回主界面，单击“执行”按钮，后面操作与硬盘分区操作的第 8 和第 9 步完全相同。

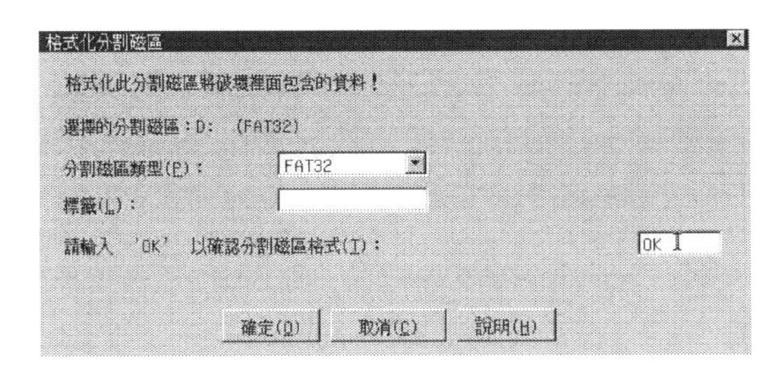

图 4-7

【任务检测】

(1) PartitionMagic 软件的主要功能是什么？

(2) 在安装操作系统之前，必须对硬盘进行什么操作处理？

项目五
安装操作系统

设置完 BIOS 后，小黄对老杨提出了一个问题："所有的计算机都需要安装操作系统吗?"老杨回答说："当然，因为只有安装了操作系统之后，才能看到图形化的操作界面，才能对计算机进行各种操作。"小黄接着问道："安装完操作系统就可以开始使用计算机了吗?"老杨接着回答："也不是，计算机的软件系统由操作系统、驱动程序和应用软件组成，在安装完操作系统后，接着就应该安装驱动程序和应用软件。"

任务一　安装操作系统

老杨告诉小黄，所有的计算机都需要安装操作系统。现在安装操作系统的过程都非常简单。下面以安装 Microsoft 公司 Windows 7 操作系统为例，讲解安装操作系统的具体方法。

【任务实现】

1. Windows 7 操作系统的版本

Windows 7 操作系统正式发行了 6 个版本，各版本介绍如下。

■ Windows 7 Starter（初级版）

最多只能同时运行三个应用程序，可以加入家庭组，但没有 Aero 效果，该版本不在中国发售。

■ Windows 7 Professional（专业版）

用于替代 Windows Vista 的商业版，支持加入管理网络、高级网络备份和加密文件系统等数据保护功能。

■ Windows 7 Enterprise（企业版）

提供一系列企业级增强功能，如内置和外置驱动器数据保护、锁定非授权软件运行和 Windows Server 2008 R2 网络缓存等。

■ Windows 7 Home Basic（家庭基础版）

仅用于新兴市场国家，主要新特性有无限应用程序，实时缩略图预览、增强视觉体验和移动中心等。

■ Windows 7 Home Premium（家庭高级版）

支持更多功能，包括 Aero 效果、高级窗口导航、改进媒体支持格式、媒体中心和媒体流增强、多点触摸和更好的手写识别等。

■ Windows 7 Ultimate（旗舰版）

拥有新操作系统所有的消费级和企业级功能，当然其消耗的硬件资源也是最大的。

2. 安装硬件配置

运行 Windows 7 对硬件的具体要求如下表所示。

硬件	最低配置	推荐配置
CPU	1.6GHz 以上	2.0GHz 以上
内存	512MB	1GB 以上（64 位系统需要 2GB 以上）
硬盘	12GB 以上可用空间	20GB 以上可用空间
显卡	集成显卡 64MB 以上	支持 DirectX 9 的显卡，带 WDDM1.0 或更高版本的（如果显卡低于此标准，透明效果的 Aero 主题特效可能无法实现）
光驱	DVD R/RW 驱动器	DVD R/RW 驱动器
其他设备	Internet 连接	安装成功后，需要连接 Internet 进行激活，如果不激活系统，则只可以使用 30 天

3. 安装流程

将 Windows 7 安装光盘插入光驱，重新启动计算机，使用安装光盘作为启动盘，然后根据提示操作，即可顺利进行 Windows 7 的全新安装，具体安装流程如下所示。

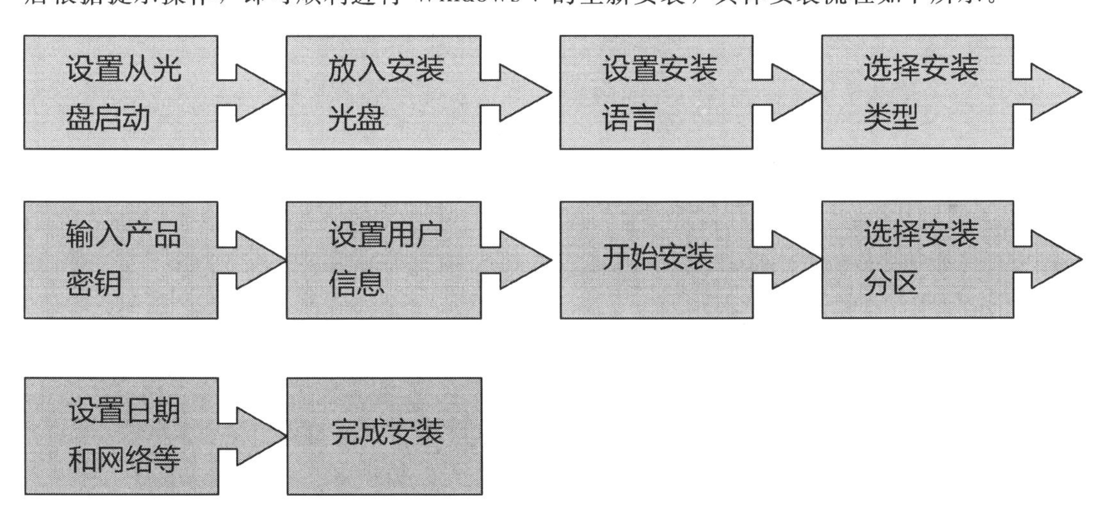

4. 具体操作步骤

（1）载入光盘文件。

将计算机设置为从光盘启动，将 Windows 7 的安装光盘放入光驱，启动计算机后使计算机从光盘启动。这时计算机将对光盘进行检测，屏幕中将显示安装程序正在加载安装所需要的文件（见图 5－1）。

（2）设置安装语言。

文件复制完成后将运行 Windows 7 的安装程序，在打开的窗口中选择安装语言，这

图 5 - 1

里在“要安装的语言”、“时间和货币格式”和“键盘和输入方法”下拉列表框中分别选择与中文（简体）相关的选项（见图 5 - 2）。

图 5 - 2

（3）开始安装。

在打开的对话框中单击“现在安装”按钮，继续安装 Windows 7（见图 5 - 3）。

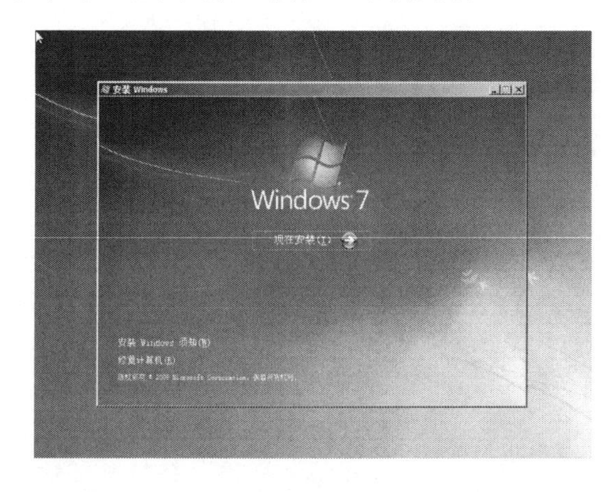

图 5 - 3

(4) 启动安装程序。

在打开的界面中显示安装程序正在启动（见图 5 - 4）。

图 5 - 4

(5) 接受许可条款。

选中“我接受许可条款”复选框（见图 5 - 5）。

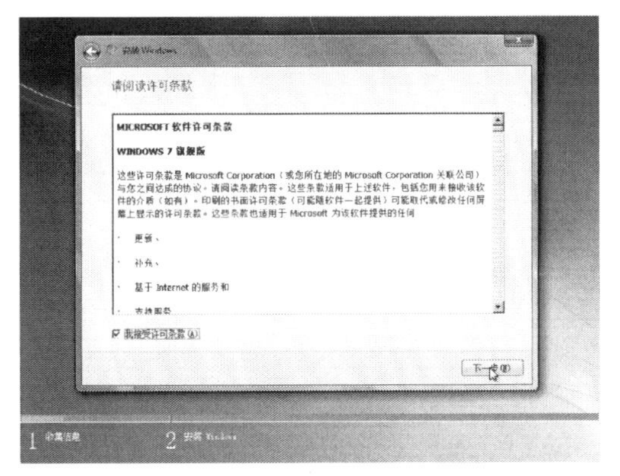

图 5 - 5

(6) 选择安装类型。

选择“自定义（高级）”选项（见图 5 - 6）。

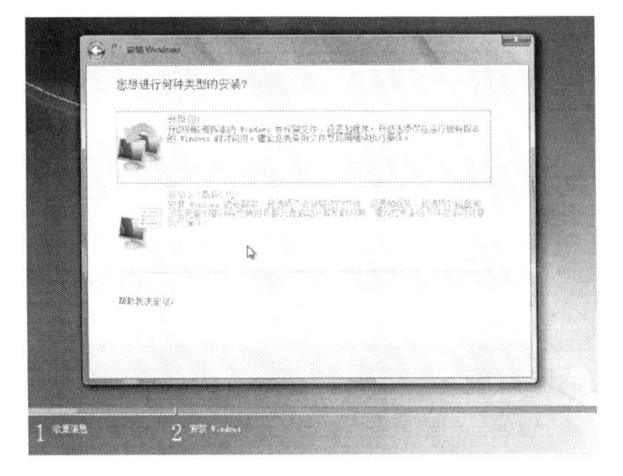

图 5 - 6

(7) 选择安装分区。

在打开的“您想将 Windows 安装在何处?”界面，选择“磁盘 0 分区 2”(见图 5－7)。

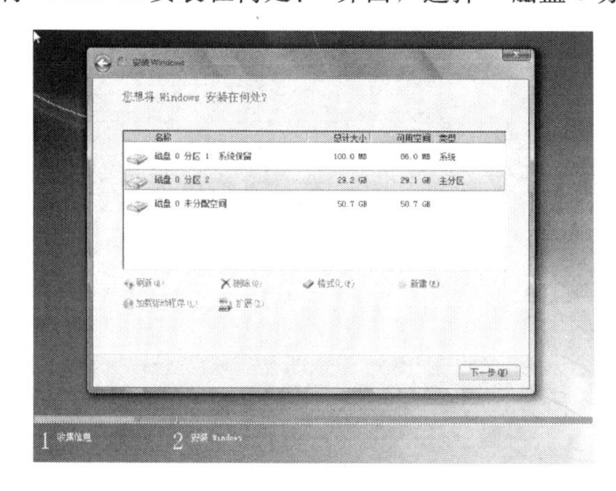

图 5－7

(8) 安装程序。

“正在安装 Windows...”界面显示安装进度(见图 5－8)。

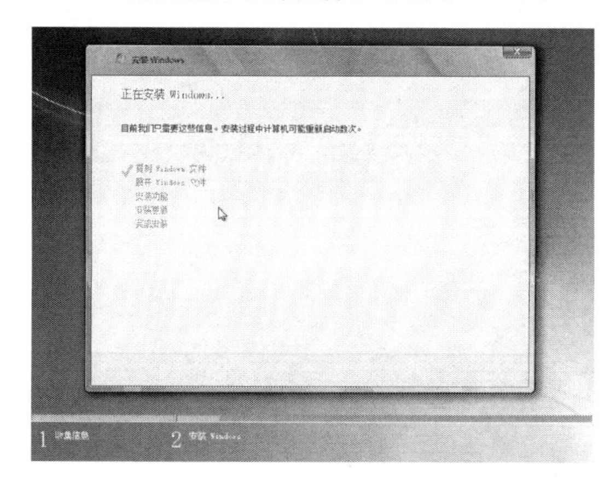

图 5－8

(9) 显示安装信息。

在安装过程中将显示一些安装信息，包括更新注册表设置、正在启动服务等。用户只需等待继续自动安装即可。

(10) 完成安装。

在安装复制文件过程中将要求重启计算机，10 秒后会自动重启。重启后将继续进行安装(见图 5－9)。

(11) 重新启动计算机。

安装完成后将提示安装程序在重启计算机后继续进行安装。

(12) 输入密码和计算机名称。

重启计算机后，打开设置用户的对话框，在相应的文本框输入用户名和计算机名(见图5－10)。

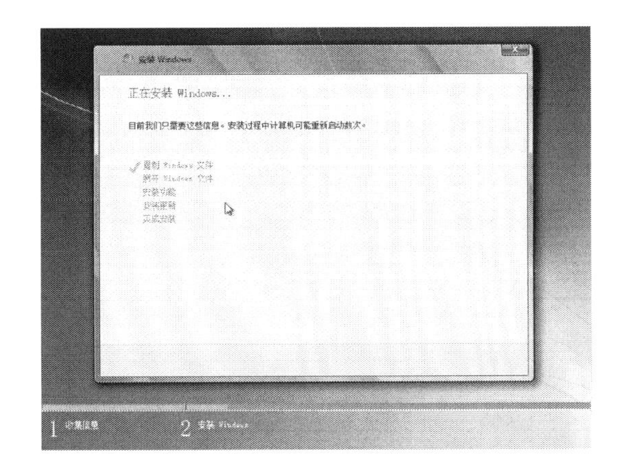

图 5 - 9

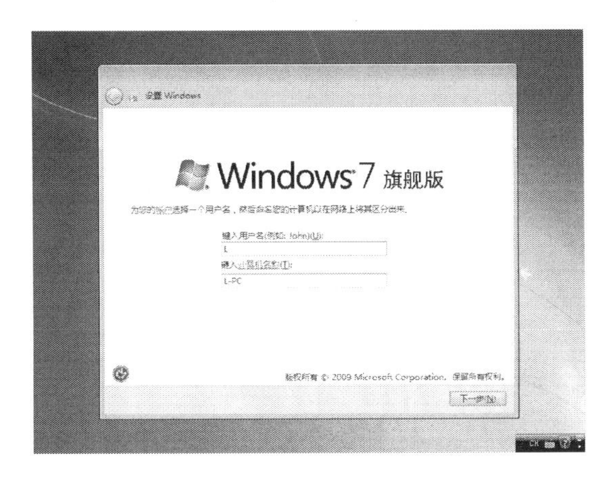

图 5 - 10

(13) 输入账户密码。

在打开的“为账户设置密码”界面中的相应文本框中输入用户密码和密码提示。单击“下一步”按钮（见图 5 - 11）。

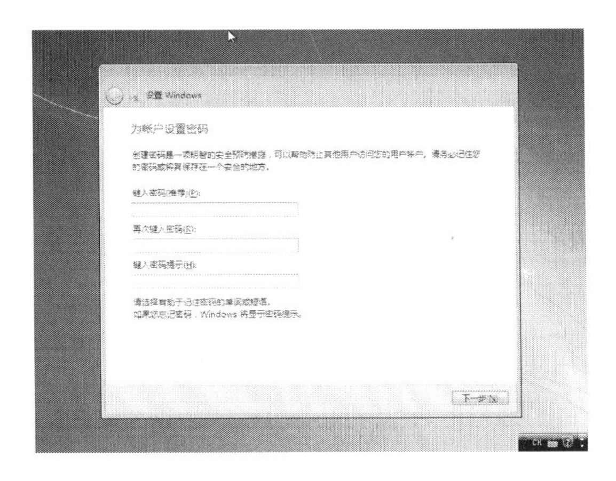

图 5 - 11

(14) 输入产品密钥。

打开“键入您的 Windows 产品密钥”界面，输入“产品密钥”。选中“当我联机时自动激活 Windows”复选框。单击“下一步”按钮。

(15) 设置更新。

打开“帮助自动保护 Windows”界面，选择“使用推荐设置”选项（见图 5-12）。

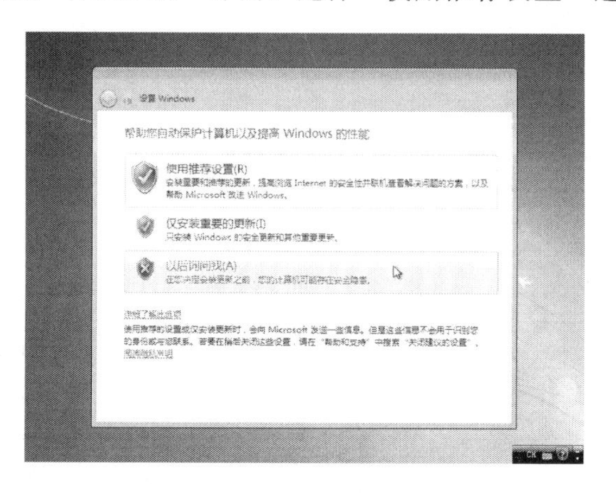

图 5-12

(16) 设置时间和日期。

打开的“查看时间和日期设置”界面，在“时区”下拉列表框中选择“(UTC+08：00)北京，重庆，香港特别行政区，乌鲁木齐”选项。设置正确的日期和时间设置完成后，单击“下一步”按钮（见图 5-13）。

图 5-13

(17) 设置网络。

在打开的“请选择计算机当前的位置”界面中设置计算机当前所在的位置，这里选择“公共场所”选项。

(18) 完成设置。

在打开的“设置 Windows”对话框中进行 Windows 7 的设置，完成后单击“开始”

按钮，开始讲设置应用到 Windows 7，并显示应用进程。

（19）登录 Windows 7。

（20）输入登录密码。

（21）登录后进入 Windows 7 的桌面，至此完成 Windows 7 的安装操作（见图 5－14）。

图 5－14

【任务检测】

（1）美国 Microsoft 公司推出了 Windows 7 操作系统，它是____位的操作系统。

（2）安装 Windows 7 操作系统时，CPU 至少需要达到____MHz，内存至少需要____MB，至少有____GB 可用硬盘空间。

任务二　安装驱动程序

【任务要点】

- 了解安装主板驱动程序的方法
- 了解安装显卡驱动程序的方法

【任务分析】

老杨告诉小黄，驱动程序是一种软件，它可以使计算机对其内部安装的硬件进行控制和管理。所以安装操作系统后，需要安装计算机中各主要设备的驱动程序，以确保各硬件设备能够正常运行，而为了让计算机具有更加强大的功能，还需要安装一些常用软件。

1. 认识驱动程序

（1）驱动程序。

驱动程序实际上是一段能让计算机与各种硬件设备通话的程序代码，通过它操作系统才能控制计算机上的硬件设备。如果一个硬件只依赖操作系统而没有驱动程序，这个硬件就不能发挥其特有的功效。换言之，驱动程序是硬件和系统之间的一座桥梁，由它把硬件本身的功能告诉系统，同时也将标准的操作系统指令转化成特殊的外设专用命令，从而保证硬件设备的正常工作。

（2）驱动的存储格式。

其实在 Windows 操作系统中，驱动程序一般由 dll、drv、vxd、sys、exe、ini、inf、cpl、dat、cat 等扩展名文件组成，大部分文件都存放在“Windows System”目录下。还有驱动程序文件存放在“Windows”和“Windows System 32”目录下。

（3）查看设备信息和驱动程序信息。

要想了解驱动程序的信息，必须要先知道计算机都有哪些硬件设备，并且对这些设备的型号、厂商等要做进一步了解。通常情况下，我们可以通过计算机中的“设备管理器”来对其详细查看。由于操作系统的版本不同，查看各个硬件信息和驱动程序文件的方法略有不同。

在 Windows XP 下，可以在“我的电脑”上单击右键，在弹出的菜单中选择“属性”命令，在弹出的“系统属性”对话框中单击“硬件”标签项，在“硬件”对话框中单击“设备管理器”。

（4）安装驱动程序原则。

驱动程序是驱动硬件工作的特殊程序，是软件安装过程的必经步骤。安装时，可以遵循以下原则。

■ 安装顺序

安装完 Windows 系统后应当立即安装主板芯片组驱动。驱动程序的安装的顺序应以主板驱动为先，首先安装板载设备，然后是内置板卡，最后才是外围设备，即其顺序是：主板驱动→显卡驱动→其他板卡驱动→外设驱动。

■ 驱动程序的版本

安装主板驱动一般新版本优先，一般新版的驱动应该比旧版的更好，然后是厂商提供的驱动优先于公版的驱动。但 Beta 版驱动一般不推荐使用，因为它还在测试阶段。

2. 安装主板驱动程序

主板是计算机的核心部件，因此，在安装操作系统后最先要安装的是主板驱动程序，如果在 Windows XP 操作系统中安装主板驱动程序，其具体操作如下。

（1）启动安装。

将主板的驱动程序光盘放入光驱中，运行主板驱动安装程序（见图 5－15）。

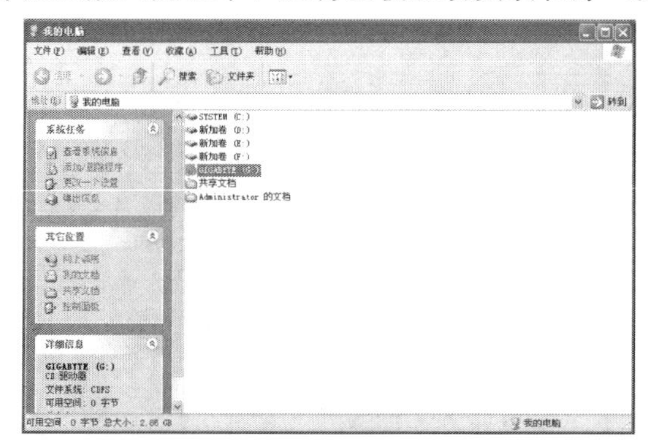

图 5－15

(2) 选择要安装的驱动程序。

打开安装界面，选择安装主板的芯片组驱动程序（见图 5－16）。

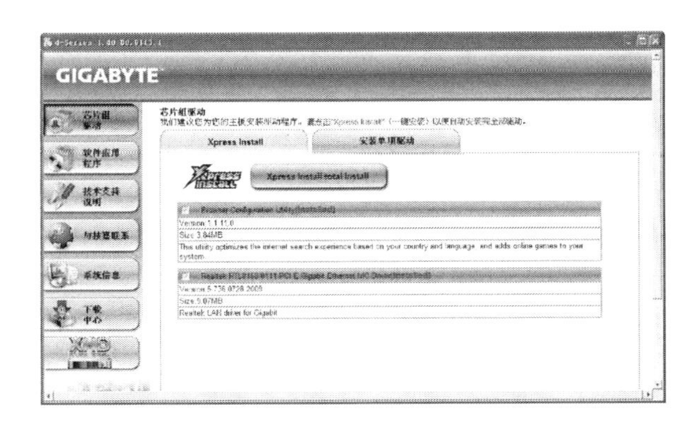

图 5－16

(3) 初始化安装程序。

系统开始初始化主板驱动的安装程序。

(4) 启动安装向导。

初始化完成后，打开“安装向导”对话框，单击“下一步”按钮继续操作。

(5) 同意协议并继续操作。

打开“许可协议”界面，单击“是”按钮，打开查看驱动程序信息对话框，单击“下一步”按钮。

(6) 完成安装。

安装程序开始复制文件，然后在打开的对话框中选中“是，我要重新启动计算机”单选按钮。

单击“完成”按钮重启计算机后完成安装。

3. 安装显卡驱动程序

前面介绍了安装主板驱动程序的方法，这里使用另一种方法安装显卡的驱动程序，两种方法可以互换。

(1) 设置属性。

将驱动程序光盘放入光驱，在“我的电脑”上单击右键，在弹出的右键菜单中选择“属性”命令。

(2) 设置设备管理器。

在弹出的“系统属性”对话框中单击“硬件”标签项，在“硬件”对话框中单击“设备管理器”按钮（见图 5－17）。

(3) 更新驱动程序。

打开“设备管理器”对话框，右击相应未识别设备选项，在弹出的的快捷菜单中选“更新驱动程序”命令（见图 5－18）。

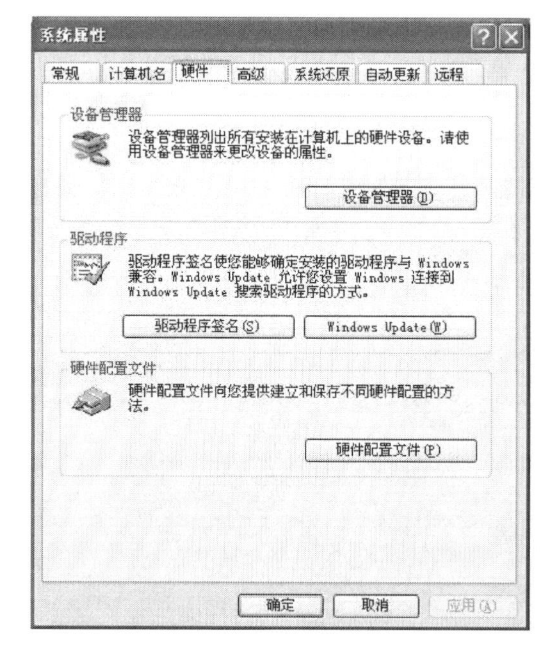

图 5－17

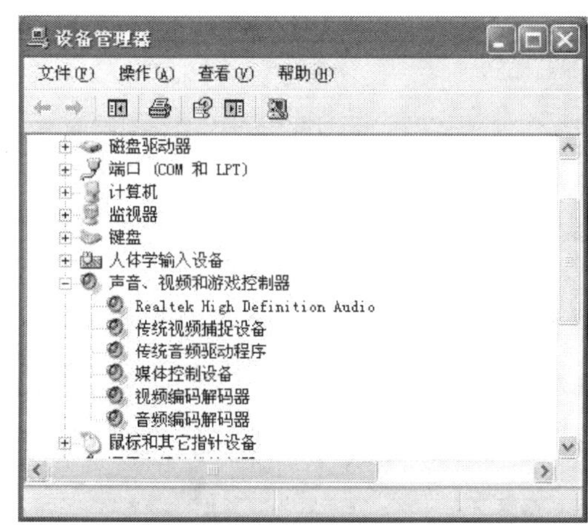

图 5－18

（4）选择任务。

打开“硬件更新向导”对话框，选中“从列表或指定位置安装（高级）”单选按钮。单击“下一步”按钮（见图 5－19）。

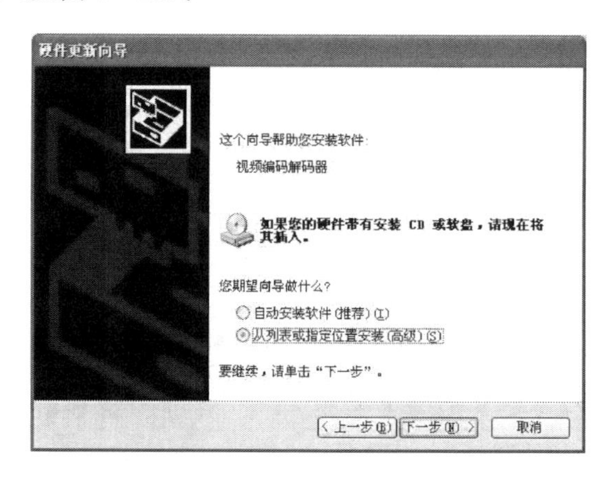

图 5－19

（5）选择搜索路径。

打开“请选择您的搜索和安装选项”界面，选中“搜索可移动媒体（软盘、CD－ROM...）”复选框。

（6）搜索驱动程序。

系统自动在光盘中搜索与当前显卡相符合的驱动程序，搜索到安装程序后，开始复制驱动程序文件，复制完成后，单击“完成”按钮，重启计算机后完成显卡驱动程序的安装。

【任务检测】

（1）请阐述驱动程序的定义。

（2）驱动程序的安装模式有两种，分别是________和________。

（3）驱动程序安装过程应遵循的原则是什么？

任务三　安装应用软件

【任务要点】

- 了解应用软件的分类和常用软件的获取方法
- 掌握安装应用软件的一般方法

【任务分析】

老杨告诉小黄，只有操作系统是无法满足我们对计算机的使用要求的，安装必要的应用软件是必然的选择。用户可以根据自己的情况选择应用软件。

【任务实现】

1. 应用软件的分类

根据使用计算机的不同目的，为计算机安装的软件也有所不同。常见的软件可以分为以下几种类型。

■ 办公软件

主要用于对文字、文档、表格和图表等进行操作和编辑，常用的软件有 Word、Excel 和 Powerpoint 等。

■ 网络软件

与网络相关的软件，如用于 Internet 上下载资源的下载软件“迅雷”、网络通信软件“QQ”和网络电视软件“PPS”等。

■ 媒体播放软件

用于观看 VCD、DVD 或播放 MP3 音乐，如 Windows Media Player、暴风影音等。

■ 图形图像软件

专门用于处理图形、照片和制作三维动画等，如 Photoshop 和 3Ds max 等。

■ 工具软件

用于辅助计算机完成各种操作的软件，如翻译软件和文件压缩软件等。

■ 病毒防御软件

用于预防、检测和清除计算机中的病毒，如 360 杀毒软件和金山毒霸等。

2. 获取软件

常用软件的获取途径主要有 3 种，分别是从网上下载软件的安装程序、购买软件的安装光盘和购买软件图书时赠送。

■ 下载软件

许多软件开发商会在网上发布一些共享软件和免费软件的安装文件，用户只需要到软件下载网站上查找并下载这些安装文件即可。

■ 购买安装光盘

到正规的软件商店购买正版的软件安装光盘，不但软件的质量有保证，还能享受升级服务和技术支持。

3. 下载软件的具体操作

下面以从网上下载“WinRAR 3.90 简体中文版”压缩、解压软件为例，介绍下载安装程序的方法，其具体操作如下。

(1) 查找软件。

打开天空软件站（http：//www.skycn.com/index.html）网站首页，在“软件搜索”文本框中输入软件名称“WinRAR 3.90 简体中文版”，单击“软件搜索”按钮。

(2) 单击下载地址。

搜索并显示出 WinRAR 下载网页，单击“下载地址”栏下面相应的超链接。

(3) 保存。

在打开的“文件下载”对话框中单击“保存”按钮。

(4) 设置保存。

打开“另存为”对话框，在“保存在”下拉列表框中选择存储文件的位置，在“文件名”文本框输入软件名称。单击“保存”按钮。

(5) 开始下载。

开始下载软件并显示其进度。

(6) 完成下载。

软件下载完之后，单击“关闭”按钮即可。

4. 安装软件的一般方法

安装软件比安装操作系统要简单，而且 Windows 中各软件的安装方法都相似，主要可以分为以下几个步骤。

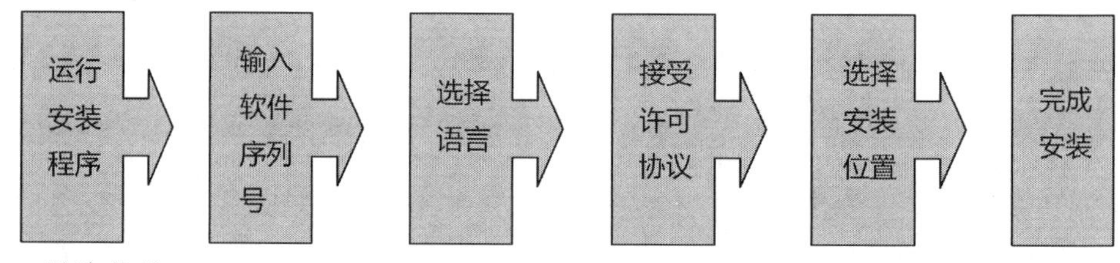

5. 删除软件

在 Windows XP 操作系统中，通过“添加或删除程序”窗口执行删除操作是最常用的删除软件方法。下面以删除 Office 2003 为例进行讲解，其具体操作如下。

(1) 打开“控制面板”窗口。

选择“开始”/“控制面板”命令打开“控制面板”窗口，双击“添加或删除程序”图标，打开“添加或删除程序”窗口（见图 5－20）。

(2) 选择软件。

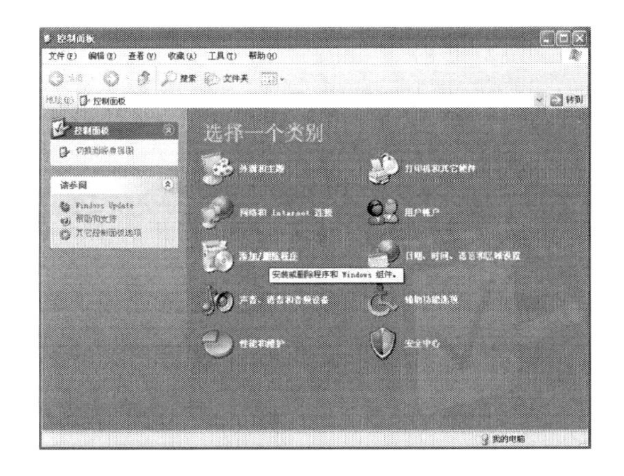

图 5 - 20

在列表框中选择 Microsoft Office Perfessional 2003，单击“删除”按钮（见图 5 - 21）。

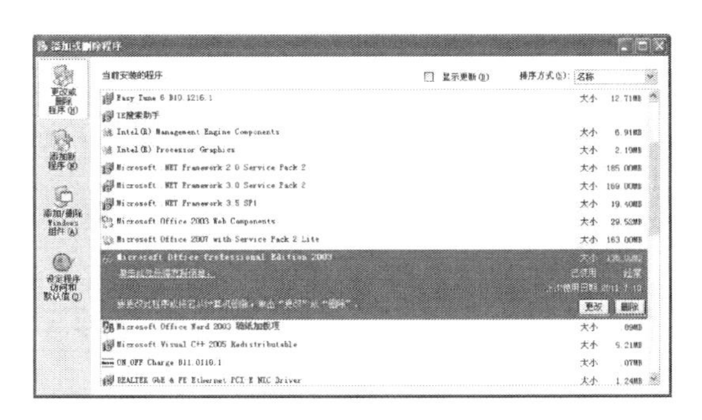

图 5 - 21

（3）确认删除。

（4）完成删除。

卸载完后系统将弹出一个提示对话框，提示需重启系统，单击“是”按钮，重启系统完成删除软件的操作。

【任务检测】

（1）获取软件的途径有哪些?

（2）添加/删除 Windows 组件中的游戏。

（3）卸载系统中不常用的软件。

项目六 优化、备份和还原系统

在前面的学习中，小黄认识到了计算机日常维护的必要性，但是只通过入场维护并不能保证计算机就不出现故障了。他想，如果在使用中计算机出现故障导致重要文件和系统资料丢失，岂不是很麻烦？于是，他又找到老杨，希望从老杨那里得到解决方法。老杨告诉小黄："对于这种情况，我们只能进行预防，可以把有用的数据提前进行备份，这样一旦计算机出现故障就可以直接快速地还原。同时，还可以运用360安全卫士优化系统，下面我们就来学习这些知识。"

任务一　使用Ghost备份和还原系统的方法与技巧

【任务要点】

- 使用Ghost备份系统
- 使用Ghost还原系统

【任务分析】

老杨告诉小黄，Ghost是一款常用的备份还原系统工具，它可保证系统在受到破坏后能很快恢复，并且有简便、快捷的特点，且不易出错。

【任务实现】

1. 用Ghost备份操作系统

MaxDOS是一个DOS工具，和矮人DOS是同一类的产品。MaxDOS的原理是利用Linux环境下的开源软件Grub之Windows版（Grub4DOS），在Windows下把DOS的引导文件加进去，并修改引导区，使引导区出现进入DOS的选项。MaxDOS修改了Grub4DOS，但并未开源并声称所有版权归作者Max所有。MaxDos还集成了NtfsDos以及中文输入支持等DOS常用的东西，下面以使用MaxDOS 8备份操作系统为例进行讲解，具体操作如下。

（1）启动MaxDOS。

启动计算机，当系统提示选择操作系统时，按方向键选择MaxDOS 8选项，再按【Enter】键（见图6－1）。

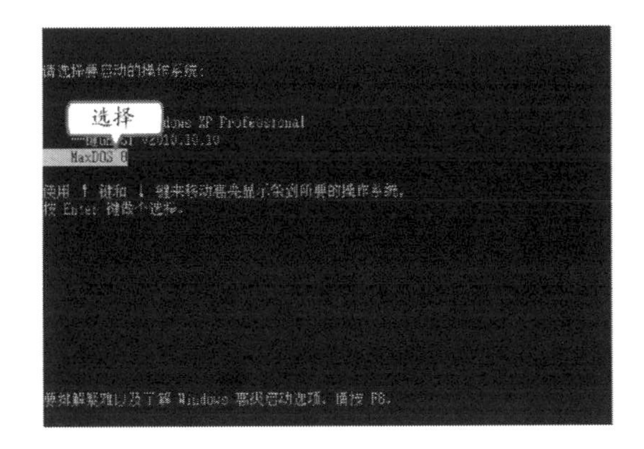

图 6-1

(2) 选择运行 MaxDOS。

打开 MaxDOS 界面，选择默认选项，按【Enter】键确认（见图 6-2）。

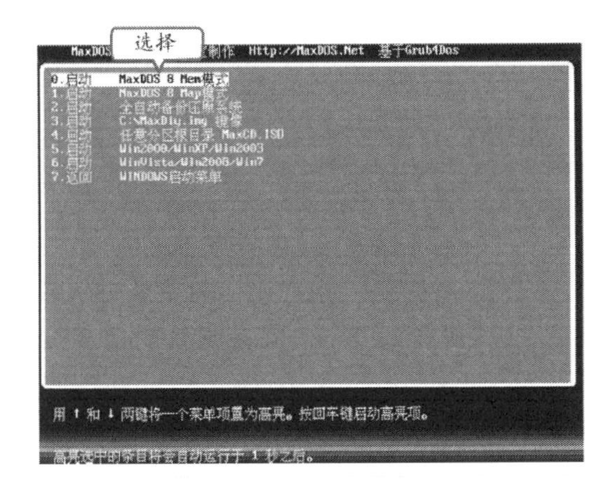

图 6-2

(3) 选择备份选项。

进入 DOS 界面，运用方向键选择“备份/还原系统”选项，按【Enter】键确认（见图 6-3）。

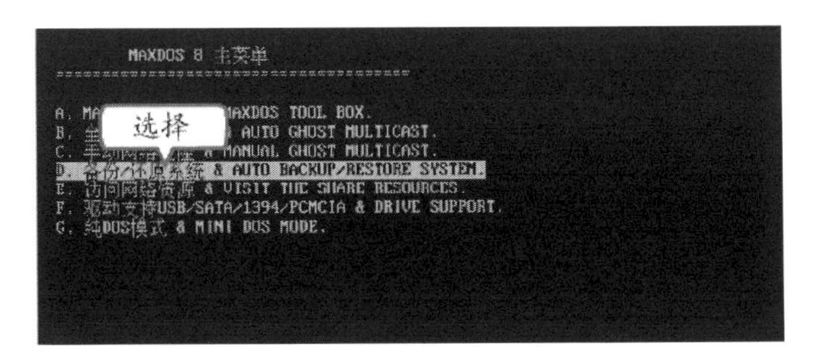

图 6-3

（4）选择手动操作。

打开“MaxDOS 一键备份/恢复菜单”对话框，选择“GHOST 手动操作”选项，按【Enter】键（见图 6－4）。

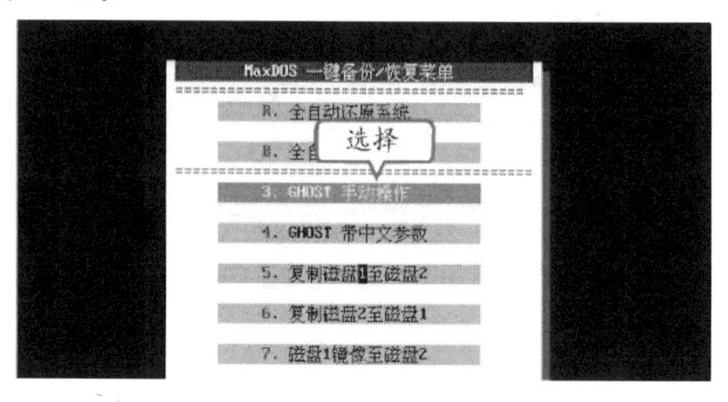

图 6－4

（5）进入 Ghost 界面。

打开的对话框中显示软件的基本选项，单击【OK】按钮（见图 6－5）。

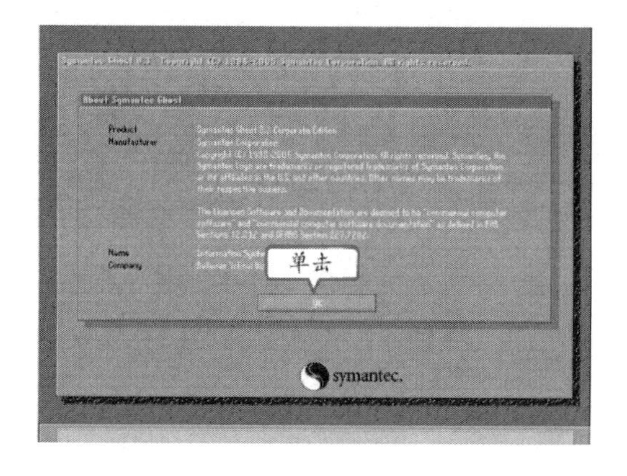

图 6－5

（6）选择镜像命令。

在 Ghost 界面中选择 Local/Partition/To lmage 命令（见图 6－6）。

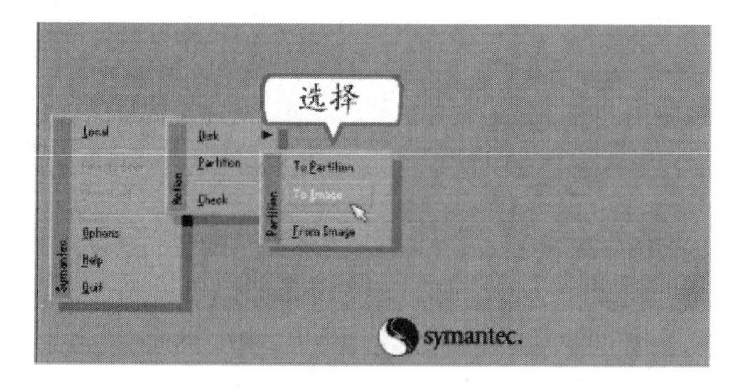

图 6－6

（7）选择要备份的分区。

①在打开的对话框中选择要做镜像的分区，也就是系统分区，这里选择第一分区。

②单击【OK】按钮确认选择（见图 6－7）。

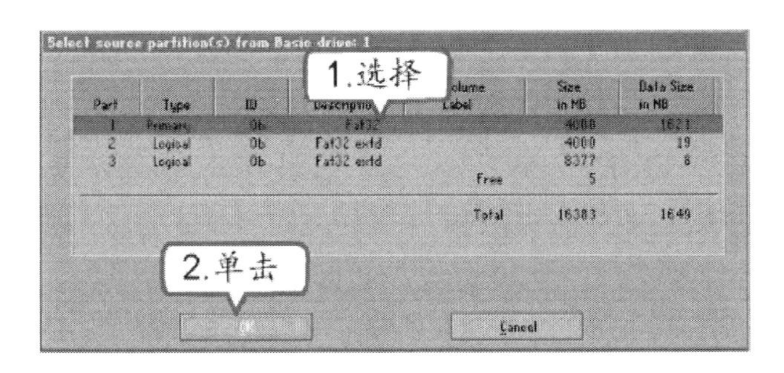

图 6－7

（8）设置备份路径。

①在打开对话框的 Look in 下拉列表框中选择备份文件的路径，这里选择 E 盘。

②在 File name 文本框中输入备份文件的名称，这里输入“WINXP604”。

③单击【Save】按钮进行备份（见图 6－8）。

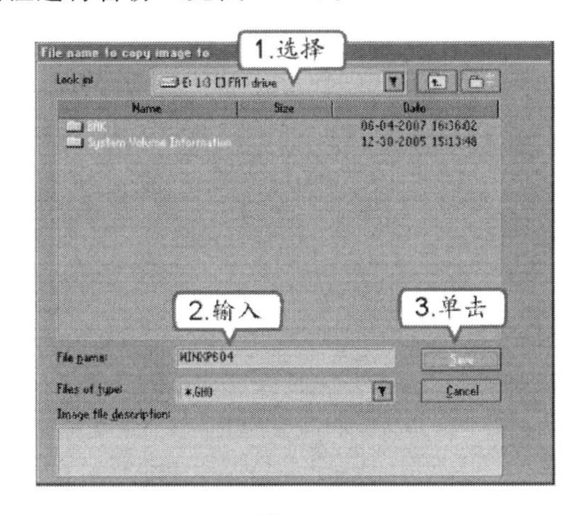

图 6－8

（9）选择压缩方式。

在打开的对话框中点击【High】按钮，选择压缩方式为高压缩率（见图 6－9）。

（10）确认备份操作。

在打开的对话框中单击【Yes】按钮确认操作（见图 6－10）。

（11）系统进行备份。

系统开始备份并显示其进度（见图 6－11），备份完成后，在打开的对话框中选择重启系统，即可完成操作。

2. 使用 Ghost 还原操作系统

还原系统与备份系统的操作大同小异，只是在选择命令时有所区别。其具体操作如下。

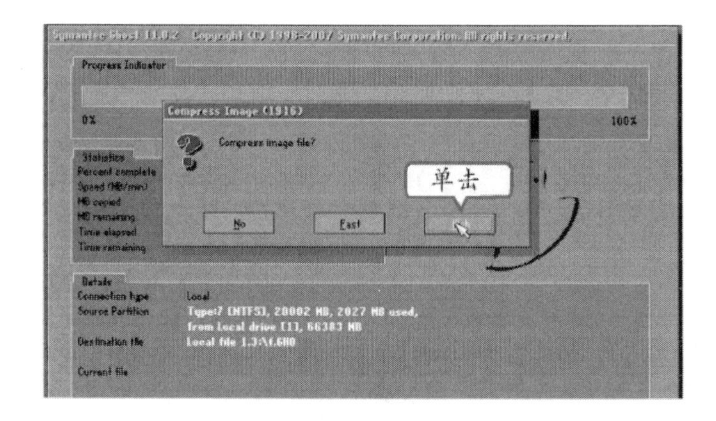

图 6－9

图 6－10

图 6－11

（1）选择还原命令。

启动计算机，运行 MaxDOS 8，在 Ghost 界面中选择 Local/Partition/From Image 命令（见图 6－12）。

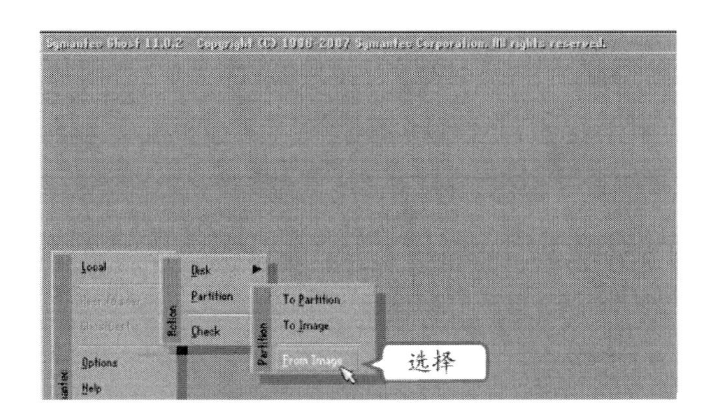

图 6－12

（2）选择镜像文件。

①在打开对话框的 Look in 下拉列表框中选择镜像文件保存的路径 E 盘。

②选择镜像文件“WINXP604”。

③点击【Open】按钮进行还原（见图 6－13）。

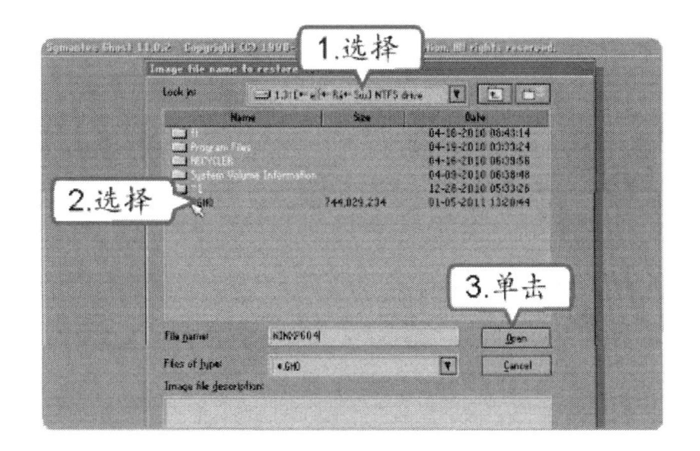

图 6－13

（3）确定还原的硬盘。

单击【OK】按钮确认要还原到的硬盘（见图 6－14）。

（4）选择要还原的分区。

①在打开的对话框中选择要还原的分区，这里选择第一分区。

②单击【OK】按钮确认选择（见图 6－15）。

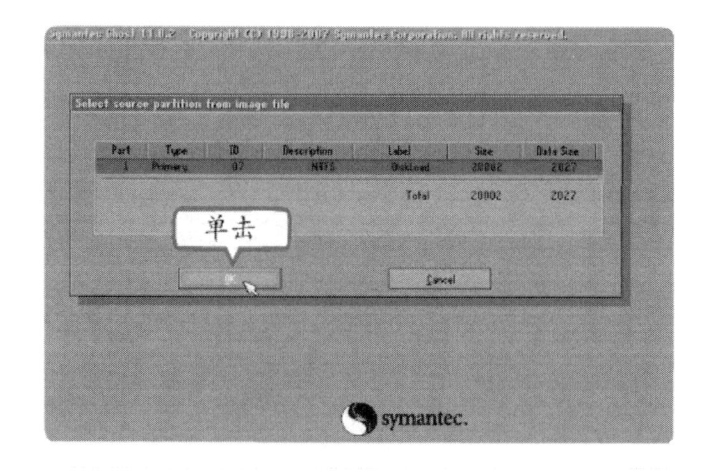

图 6-14

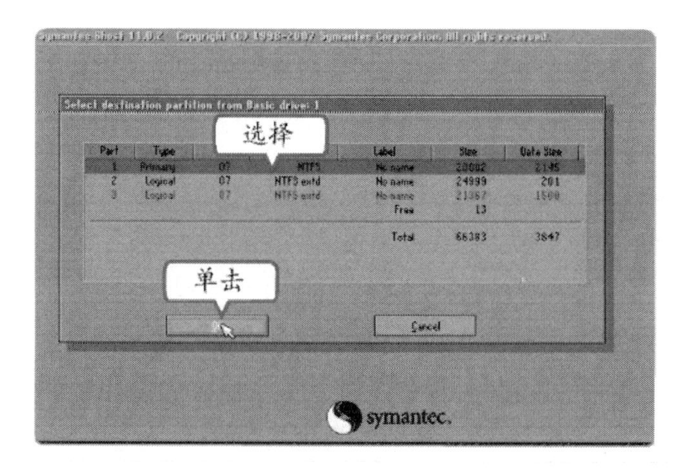

图 6-15

(5) 开始还原。

单击【Yes】按钮确定进行还原操作（见图 6-16）。

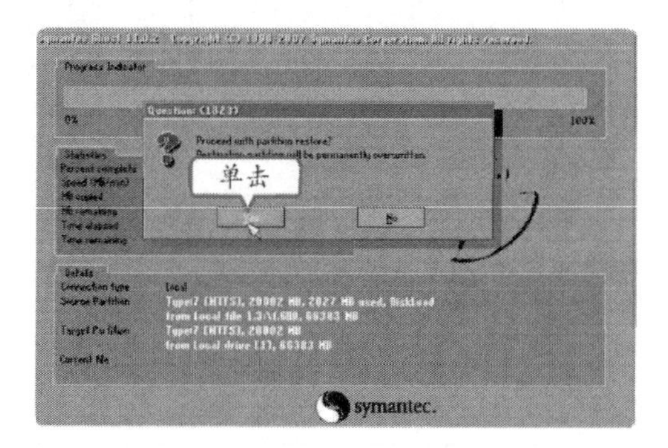

图 6-16

（6）显示还原进度。

系统开启还原并显示其进度（见图 6－17）。

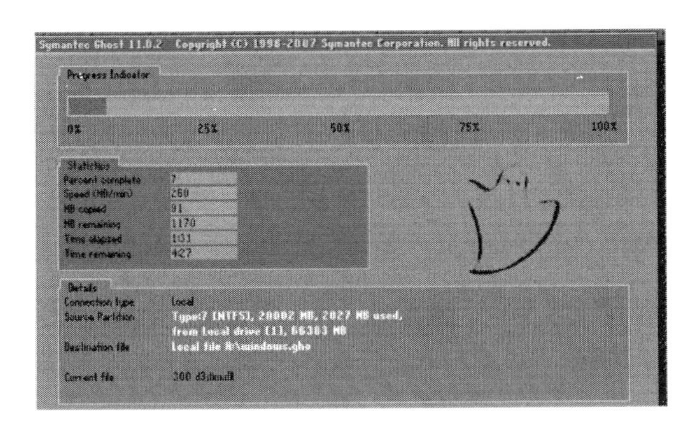

图 6－17

【任务检测】

（1）Ghost 除了可以备份系统分区外，还可对整个硬盘和______进行备份。

（2）利用 Ghost 备份文件时需注意，通常备份的文件后缀名均为______。

（3）在 MaxDOS 操作中，在不同的计算机上鼠标可能不会出现，这时可配合______和【Enter】键完成操作。

（4）镜像文件的压缩方式有 NO、Fast 或 High，通常选择 Fast（速度快）或 High（压缩率高），这里选择的 High 方式表示对镜像文件进行______压缩，这样可以节省磁盘空间，但是制作备份时速度缓慢。

（5）To partition：表示复制整个分区；To image ：表示就将那个分区的内容备份成镜像；Form image：表示将______。

任务二　使用 360 安全卫士

【任务要点】

- 计算机体检与查杀木马
- 系统修复与系统清理
- 优化加速与个性设置

【任务分析】

小黄通过前面的学习，对计算机故障防范有了深刻的认识，但他仍然感觉操作系统中出现的故障处理起来比较麻烦。老杨告诉他："对于在系统中出现的无法处理或处理起来很麻烦的问题，最好在安装完系统后就将它备份，遇到问题时再进行还原，同时也可以用一些工具软件对它进行优化。”于是他下定决心要把这些知识掌握好，多练习这些操作。

【任务实现】

360 安全卫士是目前使用较为广泛的系统优化工具之一，它具有十分完整的系统维护功能。在计算机上安装此软件以后，双击桌面上的 360 安全卫士的快捷方式图标即可启动该软件。下面就对其各项功能进行简单介绍。

1. 计算机体检与查杀木马

■ 计算机体检

在 360 安全卫士的主界面中单击【立即体验】按钮，软件会对系统做一个全面的检查并给出体验得分，同时把系统中有待处理的问题罗列出来。可根据提示依次单击选项后的按钮，对这些问题进行处理，增强系统的安全性（见图 6－18）。

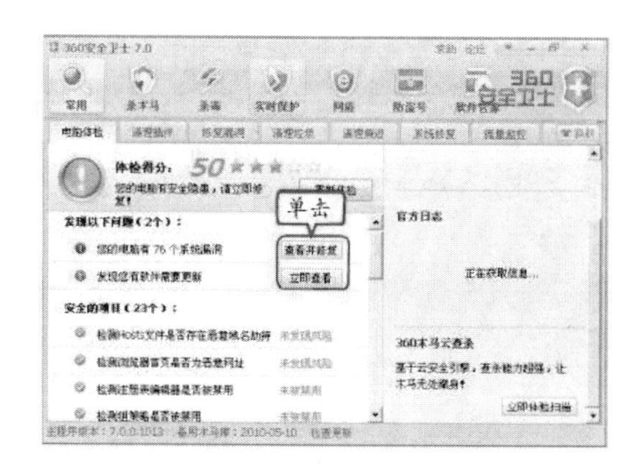

图 6－18

■ 查杀木马

在打开的“360 木马云查杀”对话框中单击【快速扫描】按钮进行快速扫描（见图 6－19）。

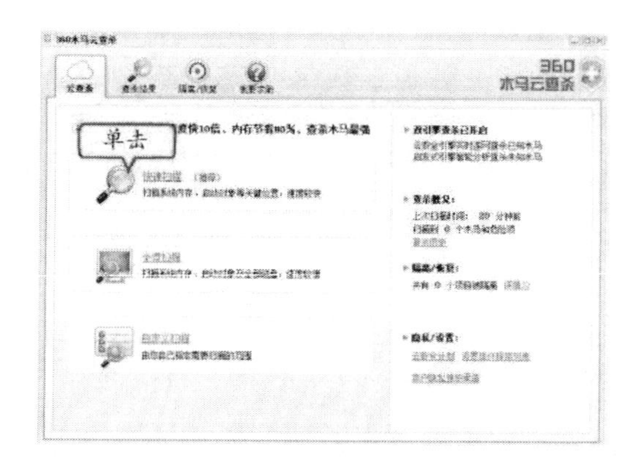

图 6－19

2. 系统修复与系统清理

■ 修复漏洞

选择“修复漏洞”选项卡，系统会检测出漏洞信息，并且显示出安全类型，让用户把握漏洞的严重性，并可以单击对话框中的相应按钮对其进行修复，忽略漏洞和重新扫描等操作（见图 6－20）。

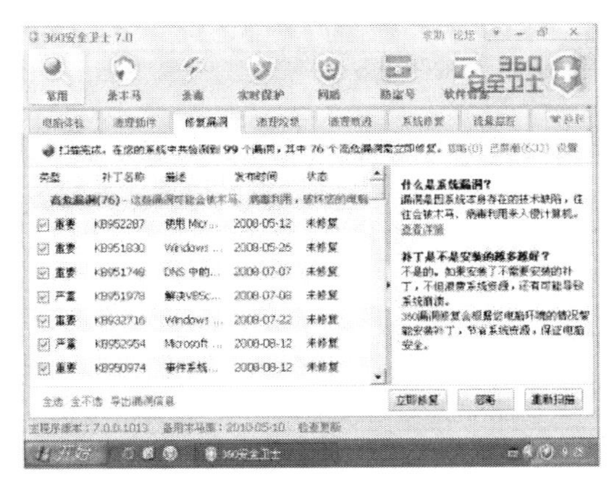

图 6－20

■ 清理垃圾

选择“清理垃圾”选项卡，可选择要清理的垃圾类型，系统将根据设置扫描整个硬盘中存在的垃圾文件。扫描完毕后，可单击立即清理按钮对系统垃圾进行清理，释放磁盘空间（见图 6－21）。

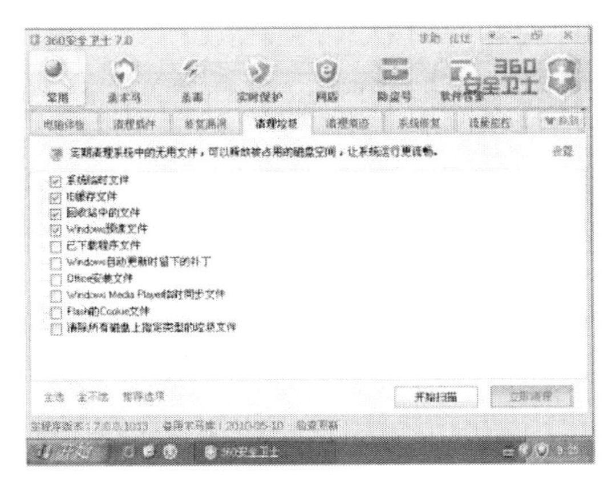

图 6－21

■ 清理痕迹

选择“清理痕迹”选项卡，可以清理上网痕迹和软件使用的痕迹，这有利于保护个人信息和隐私，让用户安全上网。单击开始扫描按钮，系统扫描完成后，可执行清理操作（见图 6－22）。

■ 系统修复

选择“系统修复”选项卡，可进行主页、系统和 IE 修复，以解决浏览器异常状态和

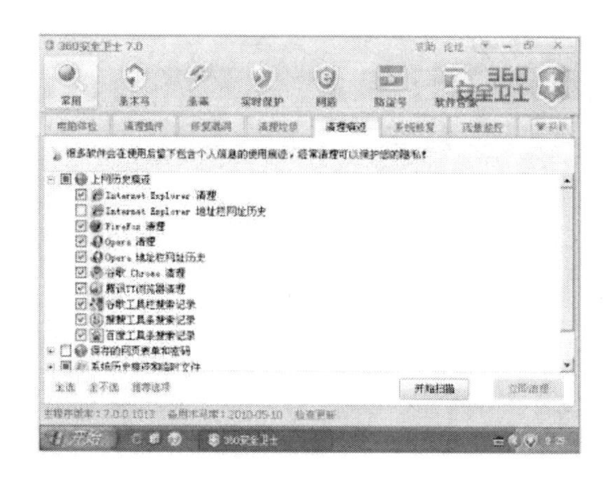

图 6-22

一些上网被限制等问题。单击【一键修复】按钮，可全面对浏览器状态异常等问题进行修复处理（见图 6-23）。

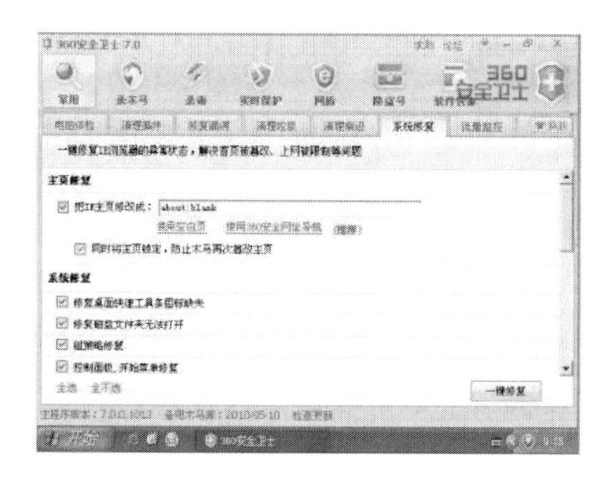

图 6-23

■ 清理插件

选择“清理插件”选项卡可卸载系统的插件，提升系统速度。用户可以根据评分、好评率、恶评率来管理。点击【立即清理】：选中要清除的插件，单击此按钮，执行立即清除。接着信任选中插件：选中您信任的插件，单击此按钮，添加到“信任插件”中（见图 6-24）。

■ 流量监控

360 安全卫士可以实时监控目前系统正在运行程序的上传和下载的数据流量，可以防止后门程序浑水摸鱼（见图 6-25）。

360 安全卫士 7.3 正式版用户可以在高级工具里找到流量监控的链接。

■ 开机加速

点击 360 安全卫士“常用”——→“高级工具”——→“开机加速”，打开 360 安全卫士

图 6-24

图 6-25

“开机加速”窗口（见图 6-26）。

打开 360 高级工具“开机加速”窗口后，对于对计算机优化操作不是很熟悉的朋友来说，只需要点击“立即优化”，即可以实现一键优化开机启动项目，加速开机速度。对于熟悉计算机优化操作的朋友，可以在“启动项”、“服务”自己动手设置开机启动项和服务（见图 6-27）。

点击“立即优化”完成后，即可在下次重新启动计算机时体验到较快的开机速度（见图 6-28）。

3. 优化加速与个性设置

■ 高级工具

在 360 安全卫士中还集成了不少功能强大的小工具，帮助用户更好地解决系统的一些

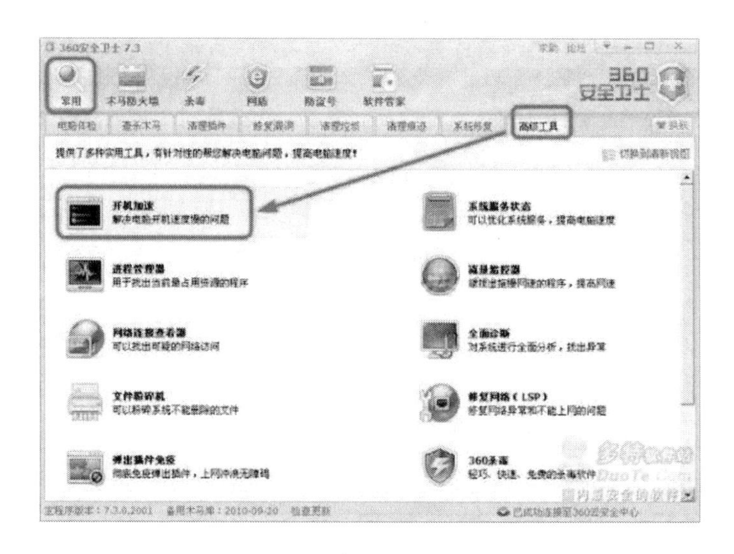

图 6-26

图 6-27

问题。新版 360 安全卫士美化了高级工具的界面布局，提供“经典视图”和“清新视图”两种显示方式，可以通过单击右上方的链接进行切换（见图 6-29）。

■ 木马防火墙

开启 360 木马防火墙后可以保护用户的系统安全，阻击恶意插件和木马的入侵。360 木马防火墙提供“智能模式”和“手动模式”两种弹窗提示，减少对用户的干扰。用户可以选择需要开启的实时保护，点击“开启”按钮后将即刻开始保护（见图 6-30）。

■ 网盾

360 网盾是一款用于防木马、反欺诈的浏览器安全软件，全面支持 IE、傲游、TT、Firefox 等主流浏览器，有效拦截木马、钓鱼以及欺诈等网站威胁，同时不影响用户正常浏览网页，还可以加快浏览速度（见图 6-31）。

图 6－28

图 6－29

■ 软件管家

在这里用户可以卸载计算机中不常用的软件，节省磁盘空间，提高系统运行速度（见图 6－32）。

卸载选中软件：选中要卸载的软件，单击此按钮，软件被立即卸载。

重新扫描：单击此按钮，将重新扫描计算机，检查软件情况。

【任务检测】

（1）360 安全卫士可以对应用程序使用的____信息进行监控，这给用户带来极大的

图 6－30

图 6－31

图 6－32

方便。

(2) 由于____也在不断更新，和病毒查杀软件类似，各种木马查杀软件也需要不断升级木马信息库，才能查杀最新木马。

(3) 在 360 安全卫士主界面中单击____按钮，系统会打开“360 木马云查杀”对话框，在此对话框中可以进行木马扫描，并及时隔离木马程序，保护系统的安全。

(4) 在 360 安全卫士主界面中单击“实时防护”按钮，系统会打开____对话框，在这里可开启各项防护功能时系统进行安全防护，防止病毒、木马等侵入对系统造成危害。

(5) 360 安全卫士对计算机进行体检后，会在____栏中显示软件认为需要进行修复的项目，以加强系统的安全防御能力。

项目七
排除计算机故障

小黄的机器出现了问题，小黄找到老杨，迫不及待地说：“计算机产生故障主要是人为的因素吗?”老杨说：“也不尽然，计算机产生故障的原因是多方面的，环境、硬件、软件、病毒、操作不当等都可能使计算机无法正常运行。”小黄说：“那就好，这说明公司的计算机不一定是我弄坏的，这下我可以放心了。”

任务一　认识计算机故障

【任务要点】

- 计算机故障的分类与产生原因
- 计算机故障诊断与排除原则

【任务分析】

老杨对小黄说：“造成计算机故障的原因有很多，环境因素、人为操作和计算机自身等都有可能造成计算机故障，而这些故障，有些是突发性的，有些则是由许多因素长期积累而成的。下面我为你介绍产生计算机故障的几种常见原因以及常见的故障分类。”

【任务实现】

1. 计算机故障的分类与产生原因

(1) 环境因素。

环境对计算机的影响很大，如果环境不好，很容易引发计算机故障，如温度过高、湿度过大、通风不好及灰尘太多等都可能引起计算机故障。尽管这样，计算机对环境的要求不高，稍微注意就可避免这些原因引发的故障。

■ 电源

电压过低不能供给计算机足够的电量，而且容易破坏数据；电压过高则容易损坏设备的元器件。如果经常停电，则应用 UPS 保护计算机，使计算机在电源中断的情况下也能从容关机。一般交流电的电压正常范围为 220V×（1±10%），频率为 50Hz×（1±5%），并需具备良好的接地系统。

■ 温度

温度过高或过低都会影响配件的寿命，一般只要保持计算机工作的环境温度在常温状态下（即 10 ～45℃）即可，在夏天温度过高时，一定要注意散热，另外，还要注意避免日光直射到计算机和显示屏上，以防止机身及线缆等老化。

■ 湿度

通常理想的相对湿度为 30％～80％，湿度太高会影响计算机配件的性能发挥，甚至会引起一些配件的短路；而湿度太低则容易产生静电，从而损坏配件。

■ 电磁

计算机最好远离电场和磁场，电磁干扰通常来源于音响设备和大功率电器。较强的磁场不但会影响计算机的正常运行，甚至会使显示器抖动或出现花斑，而且还容易造成硬盘中数据的丢失或损坏。

■ 灰尘

灰尘是计算机的主要“杀手”。灰尘附着在计算机元件上，会妨碍计算机元件在正常工作时所产生的热量的散发，从而减少计算机元件的使用寿命；长期堆积的灰尘还会引起机器内部线路之间短路或断路；灰尘多了还会形成黏性油垢，覆盖在磁盘驱动器内部，在磁盘的磁道之间移动，使数据传输出错甚至丢失。因此在无法改变环境的情况下，应该定期对计算机进行除尘。

（2）计算机内部因素。

造成计算机故障的主要原因之一是计算机中软件和硬件的因素，这类故障也是出现频率最高的。

■ 硬件因素

硬件就像计算机的各种器官，计算机的正常运行是所有部件共同协作的结果，任何一个硬件出了问题，都可能导致整台计算机发挥不正常甚至不能运用，因此硬件质量不过关，就可能会因供电不足而引起硬盘读写性能的下降，甚至会导致硬盘的电路板被烧毁等严重后果。

■ 软件因素

由软件因素引起的计算机故障主要分为操作系统故障和应用软件故障，一般应用软件的故障是由于软件本身的参数设置或者安装不当引起的，而操作系统的故障范围就更宽泛了。

■ 硬件或软件不兼容引起的故障

兼容性是指计算机硬件与硬件、软件与软件及硬件与软件之间能够相互支持并充分发挥性能的程度。兼容性越好，性能发挥就越好，如果兼容性不好，虽然也能工作，但是其性能却不能很好地发挥出来，而且还会经常出现一些莫名其妙的故障。计算机的各种软硬件都是由不同厂家生产或研发的，如主板生产厂家就有华硕、技嘉、微星和精英等，尽管各厂家之间尽量相互支持，但由于产品众多，又良莠不齐，因而各产品之间的兼容性问题就在所难免，尤其是组装机更需注意其兼用性问题。

（3）其他因素。

造成计算机故障的原因很多，除了上述两大类外，还有一些其他因素，其中常见的有超频、病毒、使用或维护不当等，这里不再讲述。

2. 计算机故障诊断与排除原则

要想排除计算机故障，首先需要对它们有清醒的认识，并且知道计算机故障的原因及类型。我们知道，计算机由硬件和软件构成，而计算机故障也可笼统地分硬件故障和软件故障。

（1）硬件故障。

硬件故障简称“硬故障”，它是由主机和外设硬件系统使用不当或硬件物理损坏而引起的故障，如主板芯片损坏、硬盘工作指示灯不亮、键盘按键不灵及打印机卡纸等都属于硬件故障。硬故障又可分为“真”故障和“假”故障两种。

■ 真故障

真故障是指主机和外设硬件系统使用不当或硬件物理损坏所造成的故障，如主机的元件等出现电路故障或机械故障、电源烧毁、硬盘物理损坏等都属于真故障。另外，带电维修计算机有可能导致计算机元件被烧毁，外界环境及劣质产品也容易产生真故障。

■ 假故障

假故障是指因用户误操作、硬件安装和设置不当或外界环境等因素导致的计算机不能正常工作。假故障并不是真正的“故障”，一般只要找到原因即可快速解决，如键盘和鼠标接口插错了位置、内存卡没有安装到位导致无法开机等都属于假故障。

（2）软件故障。

软件故障简称“软故障”，它是由于相关的参数设置不当或软件出现故障而导致的计算机不能正常工作，如 BIOS 设置错误导致不能启动、由于病毒原因导致计算机使用不正常等都属于“软故障”。常见的软件故障为驱动程序安装不正确、垃圾文件过多、软件使用或配置不当及系统配置不当等。

（3）计算机故障诊断与排除方法。

老杨告诉小黄，计算机出现故障后，需要对其做出正确的判断。而检测故障有多种方法，可以根据故障现象来进行“诊断”，以便对症下药。小黄说：明白，我一定要做一个合格的“计算机医生”，你快教我检测故障的方法吧。

①直接观察法。

在计算机出现故障时，首先可以通过直接观察初步判断其原因，直接观察可通过“看”、“听”、“闻”和“摸”几种方法来实现。

■ 看

“看”即通过眼睛观察其直观现象，一般主要看以下几点：

观察设备各板卡的插头、插座是否歪斜。观察各元件的电阻、电容引脚是否相碰或断裂、歪斜。查看是否有杂物掉进电路板的元件之间，元件是否有氧化或腐蚀的地方。主板表面是否有烧焦痕迹，印刷电路板的铜铝是否断裂、芯片表面是否有开裂。

■ 听

当计算机出现故障时，有时会出现异常的声音，这时可通过听计算机的报警声音、风扇转动和驱动器旋转的声音等是否正常来确定故障的地方。

■ 闻

“闻”是指机箱中是否有烧焦的气味，若有，则说明某个电子元件已经烧毁，应尽快根据发出气味的地方确定故障区域并排除故障。

■ 摸

“摸”主要摸以下几个地方：

摸芯片，看是否有松动或接触不良的情况，若有应将其固定。在设备运行时触摸或靠近有关电子部件，如 CPU、主板等的外壳，根据温度判断设备的运行状况。

触摸一些芯片表面，温度很高甚至很烫，则说明该芯片可能已经烧坏。

②报警声判断法。

报警声判断法其实就是上面所讲的“听”的方法之一，由于该方法比较实用，因此这里单独讲解其相关知识。有些故障发生时，主板会发出相应的报警声，我们通过系统报警声可快速判断故障所在的位置。由于计算机安装的 BIOS 版本不一样，因此其报警声音也有所不同。下面讲解使用最广的几种 BIOS 报警声的含义。

报警声	含　义	报警声	含　义
1 短	内存刷新失败	7 短	系统实模式错误，无法切换到保护模式
2 短	内存 ECC 校验错误	8 短	显示内存错误
3 短	640KB 常规内存检查失败	9 短	BIOS 检测错误
4 短	系统时钟出错	1 长 3 短	内存错误
5 短	CPU 错误	1 长 8 短	显示测试错误

③其他实际操作方法。

很多故障并不明显，可能通过观察和听声音不能判断出故障所在，这时就需要动手进行详细检测。

动手实际操作检测故障的方法有多种，如清洁法、插拔法、交换法、比较法和最小系统等，这些方法在实际操作中经常被用到。下面分别对它们进行讲解。

■ 插拔法

当无法确定故障出在什么地方时，可用插拔法来诊断，具体方法是在关机后将主板上插的板卡逐个拔出，并且每拔一块板卡就开机测试计算机的运行状态，如果拔出某块板卡后计算机恢复正常，则可断定是该板卡或相应的 I/O 插槽及负载电路出现了问题。

■ 交换法

在条件允许的情况下，可以将另一个相同型号、相同功能的计算机部件换到出现故障的计算机上，根据故障现象的变化情况确定故障所在部件。另外，也可以将出故障的计算机部件换到另一台运行正常的计算机上，如果运行正常则可以判断不是该部件的问题。交换一般用于检查易插拔的硬件。

■ 万用表测量法

使用万用表对电压和电阻进行测量也可以判断相应部件是否存在故障。使用万用表测量电压和电阻的最大优点在于用户不需要将元件取下或仅取下部分就可以判断元件是否正常。

■ 最小系统法

最小系统法是只保留系统运行所必需的部件，将其他计算机配件及输入/输出接口从系统扩展槽中取下，再运行计算机观察最小系统能否运行。

■ 清洁法

灰尘很容易引起系统故障，所以保持计算机的清洁十分重要。除了灰尘，还应注意有没有引脚氧化发黑的情况，因为引脚被氧化后会直接导致电路接触不良，从而引起故障。如果有氧化现象，可以用专门的清洁剂或橡皮擦擦去表面氧化层。

■ 比较法

比较法是指同时运行两台相同或类似的计算机，比较正常计算机与故障计算机在执行相同操作时的不同表现或各自的设置来初步判断故障产生的部位。

■ 查找病毒法

病毒也是引起计算机故障的重要因素，通常可以通过使用杀毒软件查杀病毒排除故障。

■ 升温降温法

这种方法是利用故障促发原理，制造故障出现需要的条件来促使故障频繁发生以观察和判断故障所在的位置。

■ 软件测试法

一些故障可以通过相关软件来进行检测，如 Window 优化大师、360 安全卫士和超级兔子等。

■ 工具测试法

在没有任何提示又不能开机的情况下，可以使用主板故障诊断卡来连接主板进行检测，通过其显示的代码判断具体故障原因。

【任务检测】

（1）计算机故障是指造成计算机系统功能失常的______和______的错误，计算机故障很大一部分都是人为因素引起的，因此用户在使用计算机时一定要规范操作。

（2）在处理故障时，应善于运用已掌握的知识或经验，将故障进行______，然后寻找相应的方法进行处理。

（3）在拆卸计算机并排除故障时，应首先检查______，并做好相应的安全保护措施，以保证计算机部件和自身的安全。

任务二　排除常见软件故障

【任务要点】

- 排除系统故障
- 排除常见工具软件故障
- 软件故障及排除举例

【任务分析】

软件故障的出现频率也很高，它们多是由于软件使用不当造成的。软件故障会导致系统运行不稳定或运行程序缺失文件等，严重时可能导致系统无法启动。

【任务实现】

1. 软件故障发生的原因

■ 软件不兼容

有些软件在运行时可能会与其他软件同时运行，轻则可能中止系统运行，重则会使系统崩溃。例如，一般系统中只需安装一款杀毒软件即可，如果系统中存在多个杀毒软件，那么同时运行很容易造成计算机死机。

■ 非法操作

非法操作是因用户操作不当造成的，如卸载某个程序时不正确卸载程序而直接将程序所在的文件夹删除，这并不能完全卸载程序，而且会留下大量的垃圾文件，这些文件会成为系统产生故障的潜在隐患。

■ 误操作

误操作是指用户在使用计算机时，无意中删除了某个软件的支持性文件或系统文件，如果误删除了某重要的系统文件，则可能会导致计算机不能正常启动。

■ 病毒破坏

病毒对计算机的杀伤力不容小视，由于病毒种类的不同，它们可能会感染硬盘破坏系统文件，造成系统不能正常启动，甚至会破坏计算机硬件，造成更大损失。

2. 软件故障的排除方法

软件故障的种类比硬件故障还要多，但只要掌握正确的方法和和思路，排除软件故障其实并不难。软件发生故障时，系统一般都会给出错误提示，仔细阅读提示并根据提示来排除故障是首选方法。下面介绍其他几种常用的方法。

■ 重新安装软件或程序

如果在使用应用程序时出错，那么可将这个程序卸载后重新安装，重新安装程序可解决很多程序出错引起的故障。

■ 查杀病毒

当系统出现运行缓慢或经常提示错误时，可运行杀毒软件以搜索系统中是否存在病毒。

■ 升级软件

一些低版本的程序存在漏洞（操作系统也不例外），容易在运行时出错，因此，如果·个程序在运行时频繁出错，且重新安装后也不能解决问题，那么这时可升级该程序的版本来解决。

■ 寻找丢失的文件

很多情况都可能造成系统文件丢失，如突然断电、非法操作等。如果系统提示某个系统文件找不到，首先可以尝试从操作系统的安装光盘中提取原始文件到相应的系统文件夹中，也可以到安装相同操作系统的其他计算机中复制。

3. 软件故障及排除举例

■ 操作系统故障

(1) 桌面上的常用图标丢失。

小黄的计算机经常会被同事使用，因此一些小问题也经常出现。一天，小黄启动计算机后发现桌面上的“我的电脑”图标和“网上邻居”图标不见了（见图 7－1）。

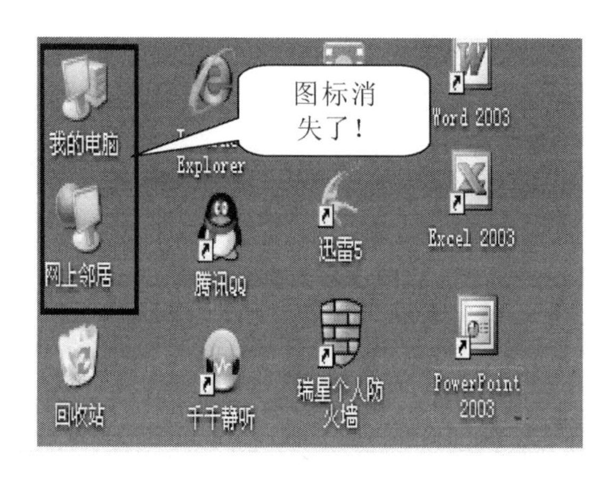

图 7－1

解决办法：这两个图标可能是被用户隐藏了起来，只要更改系统设置即可将其显示出来。具体的操作步骤如下：

①在桌面空白处单击鼠标右键，从弹出的快捷键菜单中选择“属性”菜单项，弹出“显示 属性”对话框。

②切换到“桌面”选项卡，单击“背景”列表框下方的“自定义桌面（D）...”按钮，弹出“桌面项目”对话框。

③在“常规”选项卡的“桌面图标”组合框中选项中“我的电脑”和“网上邻居”复选框，然后依次单击对话框中的“确定”按钮即可将这两个图标显示出来（见图 7－2）。

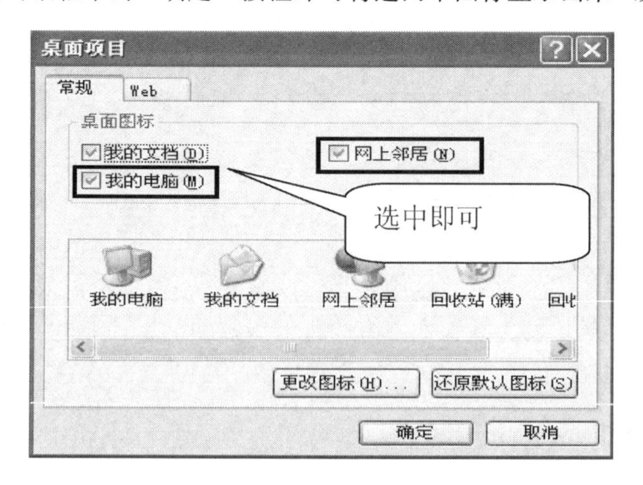

图 7－2

(2) 任务栏中的“音量”图标消失。

故障描述：小黄用计算机看电影时声音特别大，因此想通过任务栏的“音量”图标调节一下音量，可是小黄发现任务栏中“音量”图标不见了，这该怎么办啊?

解决办法。造成这种故障的原因主要有3种：没有安装驱动程序、系统文件损坏或系统设置不当。如果是第一种情况，只需安装驱动程序即可。如果是系统文件损坏，只需将相同配置计算机中系统盘符下的“WINDOWS System32 Sndvol32.exe”文件复制到自己计算机的相同路径下即可。如果是系统设置不当，则可重新设置。具体操作如下：

①单击“开始”→“设置”→“控制面板”菜单项，双击“控制面板”，弹出“控制面板”窗口。

②双击“声音和音频设备”图标，弹出“声音和音频设备 属性”对话框。

③切换到“音量”选项卡，选中“设备音量”组合框中的“将音量图标放入任务栏”复选框，然后单击“确定”按钮，此时“音量”图标便会在任务栏中显示出来（见图7-3)。

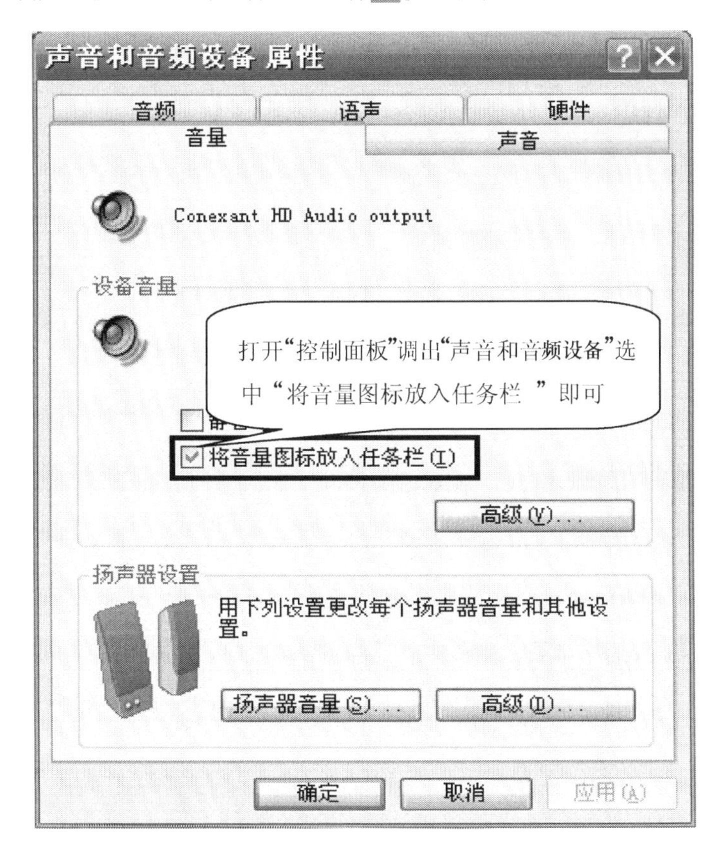

图7-3

(3) 磁盘属性对话框中的“安全”选项卡消失（见图7-4)。

自从同事们使用小黄的计算机下载完文件之后，小黄发现计算机经常出现问题。一天，小黄打开C盘的属性对话框，发现该对话框中的“安全”选项卡竟然没有了，这可急坏了小黄。

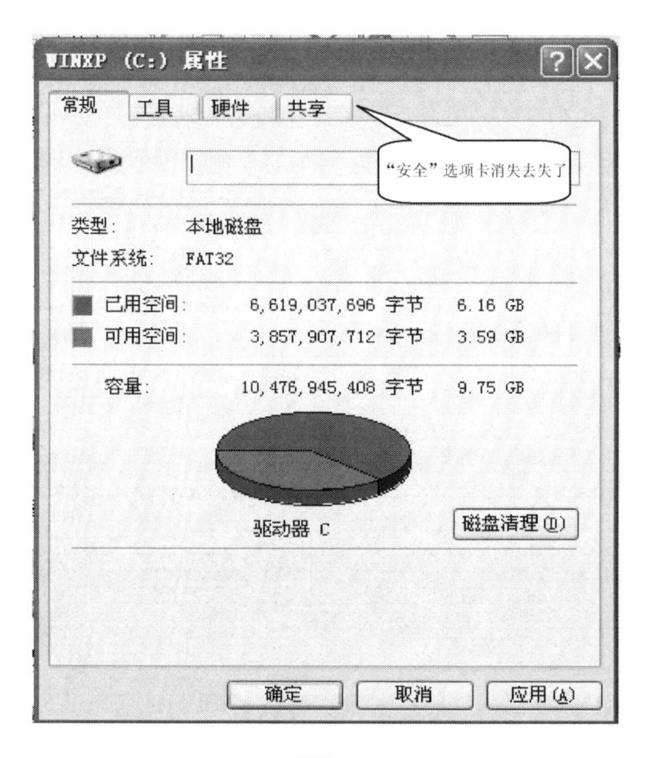

图 7-4

解决办法：这个故障主要是用户的参数设置不当造成的，只要调整一下相关的参数即可。具体操作如下。

①双击"我的电脑"图标，打开"我的电脑"窗口，然后单击"工具"→"文件夹选项"菜单项，弹出"文件夹选项"对话框。

②切换到"查看"选项卡，接着选"高级设置"列表框中的"使用简单文件共享（推荐)"复选框。

③设置完成单击"确定"按钮关闭打开的对话框，此时再次打开某个磁盘分区的属性对话框，就会看到"安全"选项卡已经显示出来了。

(4) 安装 Windows XP 后系统无法正常启动。

安装了 Windows XP 系统，但是系统启动之后总是自动重启，不能正常使用。

解决办法：可能是由于 Windows XP 系统无法正常支持高级电源管理功能所导致的问题。到主板厂商的网站下载该款主板的最新 BIOS 程序进行刷新，即可解除故障。

■ IE 浏览器故障诊断

(1) 网页文字无法复制。

小黄在浏览网页时，发现某些网页中的文字无法复制，这可使小黄的网上资料搜索大打折扣。

解决办法：如果遇到网页中的文字无法复制的问题，只需通过简单的设置就可以解决，具体步骤如下：

①打开“Internet 属性”对话框，切换到“安全”选项卡，在“选择要查看的区域或更改安全设置”组合框中选中“Internet”选项图标。

②单击“自定义级别（C）...”按钮，弹出“安全设置- Internet 区域”对话框，在“设置”列表中选中“脚本”选项下的所有“禁用”单选按钮，然后依次单击“确定”按钮即可（见图 7 - 5）。

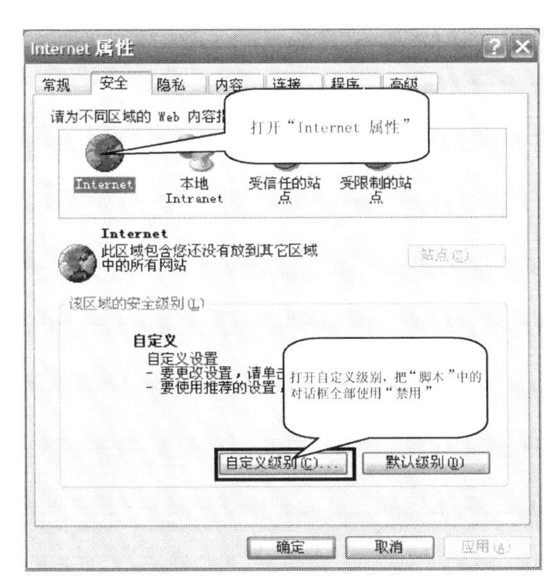

图 7 - 5

（2）无法使用 IE 浏览器下载文件。

小黄在公司中使用的计算机能正常上网浏览网页，可是下载文件时却弹出了一个“安全”对话框，提示用户“当前安全设置不允许下载该文件”。

解决办法：计算机出现无法下载的故障很可能是用户在安全设置中禁用了文件下载功能所致。开启该功能的具体步骤如下。

①打开“Internet 属性”对话框，切换到“安全”选项卡，在“选择要查看的区域或更改安全设置”组合框中选中“Internet”选项图标，然后单击“自定义级别（C）...”按钮。

②在弹出的“安全设置—Internet 区域”对话框中选中“文件下载”选项下的“启用”单选按钮，然后单击“确定”按钮，在弹出的“警告!”对话框中单击“是（Y）”按钮返回“Internet 属性”对话框（见图 7 - 6）。

③单击对话框中的“确定”按钮即可。

■ 办公软件故障

（1）打开损坏的 Word 文件。

故障描述：已经损坏了的 Word 文件不能打开。

解决办法：这种故障通过设置也是有可能解决的，步骤如下。

①在 Word 中，在菜单栏单击“文件→打开”命令，弹出“打开”对话框。

图 7-6

②在“打开”对话框中选择已经损坏的文件，从“文件类型”列表框中选择“从任意文件中恢复文本（*.*）”项，然后单击“打开”按钮，就可以打开这个选定的被损坏文件。

(2) 从网页上复制的表格在 Word 中无法显示。

故障描述：在使用 Word 进行文档编辑的过程中，从网页上下载了有表格的页面，将页面保存为 Word 文档。再次打开该 Word 文档时，发现表格都不见了。

解决办法：

如果想避免这种情况的发生，可以按照如下步骤操作。

①使用浏览器将希望保存的带有表格的网页保存在硬盘中，扩展名为 html 或者 htm。

②在 Word 中，在菜单栏单击“文件”→“打开”命令，打开“打开”对话框。

③通过“打开”对话框打开刚刚使用浏览器保存的网页（扩展名为 html 或者 htm）。

④将打开的文档重新保存为 Word 文档。

(3) 在 Word 中无法进行正确的纸张设置。

故障描述：使用 Word 2003 进行文档编辑工作，发现在打印时总出现异常情况。

解决办法：经过检查，发现此故障并不是因为系统或者打印驱动程序存在问题，而是由于国内和国外纸张尺寸大小在定义上存在差异。对于此故障，可以通过自定义纸张大小，然后根据国内的 16 开纸张的实际大小进行设置，故障就可以排除。

(4) Word 中宏的使用不当引发。

故障描述：在试图打开以前使用 Word 编辑的一个文档时，总是弹出一个警告窗口，提示“隐含模块中的编译错误：AUTOEXEC”。

解决办法：是宏的使用不当所导致的故障。可以按照如下的办法解决：

①在 Word 中在菜单栏单击“工具→宏”命令，打开“宏”对话框。

②选中名为 AUTOEXEC 的宏，然后单击“删除”按钮，将这个导致故障的宏删除。

（5）在 Word 中打印图形和表格时没有输出边框。

故障描述：使用 Word 2003 进行文档编辑，文档中的图形和表格的边框在打印预览时显示正常，但是真正使用打印机打印时，却发现图形和表格的边框没有打印出来。

解决办法：可以按照以下的步骤排除这个故障。

①在 Word 中，在菜单栏单击“工具”→“选项”命令，打开“选项”对话框。

②切换到“打印”选项卡，在“打印选项”选区中消除对“草稿输出”复选框的选择，在“打印文档的附加信息”选区中选中“图形对象”复选框。

③单击“确定”按钮，完成设置。

【任务检测】

（1）软件发生故障时，系统一般都会给________，仔细阅读提示并根据提示来排除故障是首选方法。

（2）计算机故障不仅仅是硬件方面的，更多的还是软件和应用方面的故障。对于很多软件方面的故障可以直接使用一些维护软件进行处理，如________和________。

（3）有些新上市的硬件或________都具备一些新的特性和功能，它们也有可能被系统误认为是故障。

（4）________是指用户在使用计算机时，无意中删除了某个软件的支持性文件或系统文件，如果误删除了某重要的系统文件，则可能会导致计算机不能正常启动。

（5）________是因用户操作不当造成的，如卸载某个程序时不正确卸载程序而直接将程序所在的文件夹删除，这并不能完全卸载程序，而且会留下大量的垃圾文件，这些文件会成为系统产生故障的潜在隐患。

任务三　排除计算机主机硬件故障

【任务要点】

- 观察法
- 清洁法
- 拔插法
- 硬件最小系统法

【任务分析】

通过前面的的学习，小黄对自己信心十足，相信自己即将成为一个计算机维修高手，他回顾了一下之前所学的知识，一下又来了兴趣，于是问老杨：“你讲的最小系统法我还是有些不太清楚，能不能给我详细讲讲其操作和判断的方法?”老杨说：“看来你还挺上进的，那好，我给你讲讲其他的方法后再和你详细讲讲最小系统法的几种分析思路吧。”

【任务实现】

1. 观察法

观察法是维修判断过程中最基本的方法。观察法是通过眼看、耳听、鼻闻、手摸等手段对计算机元器件进行观察并发现故障的方法。

使用观察法时，首先听计算机发出的声响是否正常（如风扇转动声音、硬盘工作声音等）；接着打开机箱，闻主机中是否有烧焦的气味；观察计算机主机内的主板等配件上，是否有烧焦的痕迹、是否冒烟、是否有异物，部件或设备间的连接是否正确、有无错接、断针缺针等现象，芯片表面是否开裂，电阻、电容引脚是否相碰，其他元器件的形状、颜色及原始的安装状态等；最后用手摸一下 CPU、南桥、北桥、显示芯片等主要元器件的温度，查看显卡、网卡等设备是否松动或接触不良。

2. 清洁法

清洁法是通过对计算机主机中部件的灰尘进行清洁来排除故障的方法。灰尘是造成计算机故障的因素之一，灰尘可以造成部件老化、引脚氧化、接触不良及短路等故障。对于灰尘造成的这些故障，一般使用清洁法比较有效。

3. 拔插法

拔插法一般用于板卡一类的故障定位与排除，通过将芯片或板卡类设备的“拔出”或“插入”来寻找故障原因的方法。拔插法的基本做法是针对故障依次拔出卡类设备，每拔出一块，就开机测试计算机状态，当拔出某设备后，计算机故障消失，那么故障原因就在这个设备上，接着就针对此设备检查故障原因。

4. 硬件最小系统法

（1）启动型（电源＋主板＋CPU）。

如果启动正常，则蜂鸣器会有错误提示音；如果不正常则会启动不了或者启动一下又停止；如果启动失败，那就是这 3 个配件之中的原因了。

■ 电源问题

如果用“启动型”最小系统法开机毫无反应，甚至主板上检测灯也不亮，那么可以试试换个电源。此类问题多是由于电压或电源质量不好引起的，受损部件往往也比较直观，检查维修的难度不高。但是，如果没有丰富的维修经验，最好还是送修或更换一台新电源；如果更换电源仍未解决，则很可能是由于电压过低，建议通过计算机供电线路上采取稳压措施或安装 UPS 电源来解决。

■ 主板问题

如果主板上的检测灯亮了但开不了机，并有烧焦的气味，则很可能是主板的线路短路或芯片被烧毁。主板的烧毁原因可能是由于电压不稳定、线路短路或漏电、电容老化漏电、超频、雷击、CPU 散热差导致温度过高或显卡不匹配等。这类情况只能送修或换新。

■ CPU 问题

CPU 出现问题一般是由于下面几个原因：超频、风扇没有扣紧、风扇停转或质量问题、机箱散热不亮、休眠时 CPU 风扇停转等。基本上都是由于这几个原因导致散热不良以致烧坏 CPU，这时只能更换 CPU。

（2）点亮型（电源＋主板＋CPU＋内存＋显卡＋显示器）。

使用“点亮型”最小系统法启动计算机，如果正常应该可以看到显示内容，提示检测不到硬盘、键盘等信息，并且能够进入 BIOS，蜂鸣器也没有异常叫声；如果不正常，显示器会没有任何显示或花屏，或者蜂鸣器有异常叫声，这时可作如下操作和判断。

■ 内存问题

出现内存问题有两种情况，即内存本身问题和兼容性问题，如果内存放在任意插槽甚至其他计算机上都不行，则可能是内存损坏，而如果它在其他计算机上可以用，或者单条分别可以用，而两条一起不能用，那就属于兼容性问题。

■ 显示器/显卡问题

在显示器和显卡方面，可以检查连线是否有问题，查看是否有断针、短路的情况，也可能是显卡损坏或显示器损坏。

■ 主板问题

如果是显卡插槽或者相关控制电路出了故障，这时只能通过更换主板来解决，另外主板问题也有可能是兼容问题。

（3）进入系统型（电源＋主板＋CPU＋内存＋显卡＋显示器＋硬盘）。

如果使用“进入系统型”最小系统启动计算机，且在进入系统的过程中出现重启和死机等现象，这时格式化硬盘并重装也不能解决问题，则可能是硬盘或键盘的问题。首先更换键盘或者检查其接口，排除键盘问题后测试磁盘坏道，如果无法修复，就只能更换硬盘。

【任务检测】

（1）如果用“启动型”最小系统法开机毫无反应，甚至主板上检测灯也不亮，那么可以试试换个________。

（2）如果主板上的检测灯亮了但开不了机，并有烧焦的气味，则很可能是________被烧毁。

（3）CPU 出现问题一般是由于下面几个原因：________、风扇没有扣紧、风扇停转或质量问题、机箱散热不良、休眠时 CPU 风扇停转等。

（4）内存出现问题有两种情况，即内存本身问题和________问题。

（5）在显示器和显卡方面，可以检查连线是否有问题，查看是否有断针、短路的情况，也可能是________损坏或显示器损坏。

任务四　排除计算机外部设备故障

【任务要点】

- 排除显示器故障
- 排除键盘与鼠标故障
- 排除打印机和扫描仪故障

【任务分析】

老杨告诉小黄，计算机只要主机正常，就可以正常运行，但是要实现人与计算机的交流还不能缺少键盘、鼠标和显示器等输入输出设备，只有通过这些外部的输入输出设备，用户才可以向计算机发送指令并查看计算机运行状况和数据处理结果。

【任务实现】

老杨问小黄："你想先从什么开始学?"小黄想到那次因为显示器电源没接好而出的状况，心想："如果出问题了还真有点手足无措，屏幕上什么提示都没有，根本不知道从哪儿入手。"于是坚定地说："先从显示器开始讲吧，这东西要是出了问题还真不知道故障出在哪里。"老杨说："那行，其实显示器的故障也不难查找，我给你好好讲讲。"

1. 显示器产生故障的原因

一般显示器出现故障的频率并不是很高，只要注意日常保养一般可以避免故障的发生，造成显示器故障的因素主要有以下几种。

■ 电磁场干预

电磁场过强会使显示器局部变色，甚至可能对显示器造成损害。因此必须将显示器放在远离电磁场的地方，并且远离大功率电器。

■ 潮湿的环境

潮湿的空气可能导致显示器内部元件接触不良或局部短路，从而引发故障。所以使用计算机时应对显示器做好防潮湿工作，即使计算机长时间不用，也应该定期开机让它自动运行一段时间，以驱散潮气。

■ 灰尘的危害

显示器内部如果堆积了大量灰尘，就会引起内部电路发生故障。所以平时一定要保持环境清洁并做好显示器的清洁工作。

■ 电压的稳定性

虽然显示器的工作电压范围很大，但其内部的电子元件也经不起瞬时高压的冲击。如果电源电压变化很快，起伏不定，很快可能引起屏幕抖动、黑屏等现象。因此在电压不稳定时尽量不要用计算机。

■ 质量问题

显示器是一种很精密的电器设备，其中的元件一旦出错将很难维修，因此显示器的品牌和质量也很主要。

■ 显示器老化

显示器的使用时间久了，内部元件会自然老化，从而出现散焦、工作不稳定等症状，这种情况在所难免，只能更换新的显示器。

2. 显示器常见故障排除

下面介绍显示器常见故障的排除方法。

（1）显示器显示图像闪烁。

故障现象：一台显示器的图像有严重闪烁现象。

故障排除：这种故障可能是刷新频率和分辨率已经超出显卡和显示器支持的范围而造成的，这时只需将计算机的刷新和分辨率设置到显卡的支持范围之内即可。设置分辨率和刷新频率的具体操作如下。

■ 设置分辨率

①在桌面空白处单击鼠标右键，在弹出的快捷菜单中选择“属性”命令，在打开的“显示”属性对话框中选择“设置”选项卡。

②拖动“屏幕分辨率”栏滑块设置相应的分辨率。

③单击“高级”按钮（见图 7-7）。

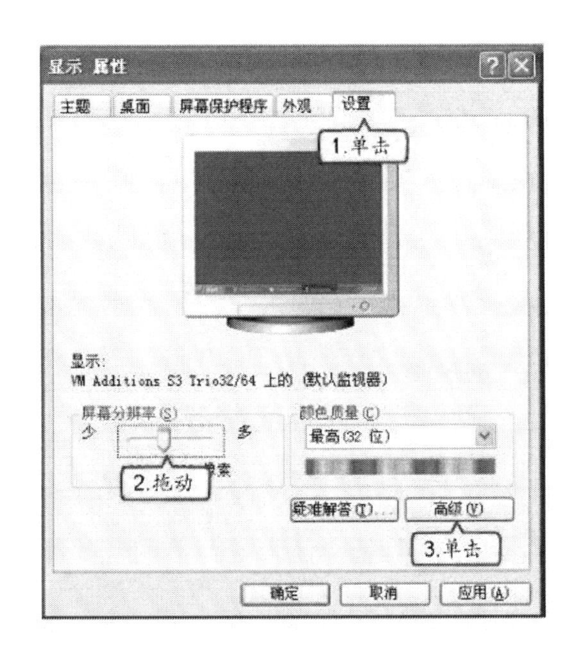

图 7-7

■ 设置刷新频率

①在打开的对话框中选择“监视器”选项卡。

②在“屏幕刷新频率”下拉列表框中选择合适的刷新频率。

③依次单击“确定”按钮完成设置（见图 7-8）。

（2）磁场使 CRT 显示器偏色。

故障现象：一台 CRT 显示器右上角的图像偏紫色，重启计算机后故障消失了，但是过了几分钟问题又出现了，而且越来越严重。

故障排除：从故障现象判断应该是磁场的影响导致，将显示器进行消磁处理后，过一段时间又出现偏色现象，由此可怀疑是受某地方的磁源影响，于是将音箱放远一些，接着改变了显示器的方向，发现右上角的偏色移到了左下角。此时怀疑是磁场的原因，因为把计算机挪到屋子的另一角落，不和原来的地方在同一条直线上，偏色现象就消失了。

（3）分辨率过高导致液晶显示器黑屏。

故障现象：一台计算机原来使用的是 CRT 显示器，后来更换为液晶显示器，结果出

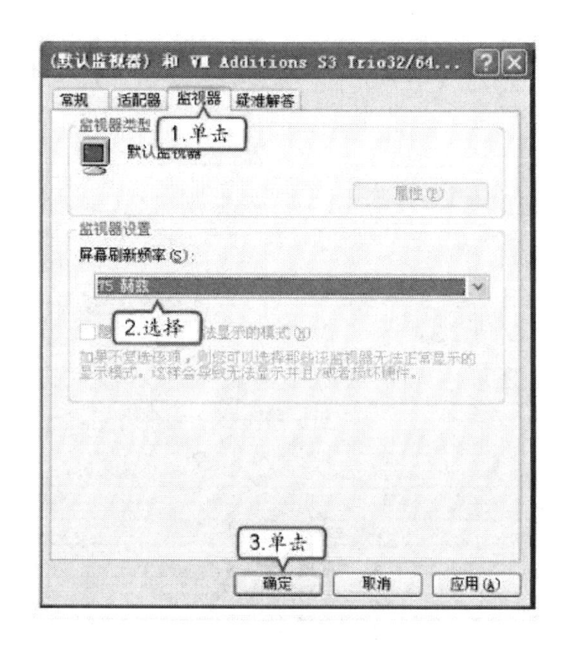

图 7－8

现了 Windows XP 启动界面时黑屏。

故障排除：一般来说，要使 CRT 显示器没有闪烁感，需要将其刷新频率调整到 75Hz 以上，而液晶显示器一般没有闪烁感，即使在刷新频率很低的情况下人眼也不会感觉到，所以液晶显示器厂商在生产显示器时一般把液晶显示器的刷新频率定得比较低。如果原来设定的分辨率比较高，则有可能在接上液晶显示器后因为达不到刷新频率而导致黑屏故障。所以排除故障需要先进入安全模式，将显示器的刷新频率调整到较低值，然后再启动到正常模式下重新调整显示器的刷新频率即可。

（4） 显示器驱动程序导致的故障。

故障现象：一台计算机更换了一台液晶显示器后，整个屏幕显示的图像上有像刮风一样的干扰细纹。

故障排除：将显示器连接到其他计算机上，显示正常，再将其他显示器连接到故障计算机上，显示也正常。因此考虑是驱动程序问题，下载最新驱动程序并安装后，故障即排除。通常显示器的驱动程序错误还可能导致以下现象。

■ 现象一

屏幕显示纯蓝色，但是 OSD 屏显示的位置不正确，偏向了一边。联机后图像显示不全，行幅过大或过小，场幅过大或过小。

■ 现象二

屏幕显示纯蓝色，但是 OSD 屏显示画面的轮廓不清晰，像素点少，甚至有拖尾现象。

■ 现象三

整个显示器屏幕半边蓝半边黑或白。

■ 现象四

液晶显示器全屏显示颜色不正常。全屏红色、全屏绿色、全屏白色并且伴有逐渐变亮现象出现（有时显示屏四周可见疑似燃烧现象）。一般正常情况为纯正蓝色，有屏显。

■ 现象五

屏幕显示纯蓝色，但是OSD屏显示位置处为黑色，看不见字。

■ 现象六

按键不受控，不能开/关机。

3. 排除键盘与鼠标、打印机故障

老杨告诉小黄，键盘是计算机中最基本的输入设备之一，它主要用于文字输入和快捷操作。鼠标也是计算机的主要输入设备之一，以其简单、快捷和准确的操作，成为不可缺少的标准输入设备之一。

（1）键盘产生故障的原因及排除方法。

键盘故障主要有接口故障、内部线路和卡键故障3种，引发这些故障的原因和排除方法如下。

■ 接口故障

接口故障主要是由于键盘没有接好、键盘接口的插针弯曲、键盘或主板接口损坏等原因造成。其表现为开机自检时报警，并显示“keyboard error or present”提示信息提醒未找到键盘。解决的方法是在关机后，重新连接键盘至主机上。

■ 线路故障

线路故障是指键盘的线路出现接触不良、短路或断路等情况。解决的方法是清洁键盘，如有断路则重新焊接。

■ 卡键故障

键盘卡键现象多见于使用时间较久的键盘，有的键盘在使用一段时间后，由于没有进行清洁，或由于质量等方面的原因，导致键盘下的弹簧装置出现问题，使按键在按下后不能复位，从而影响到正常使用。解决方法是清洁键盘，为按键换弹簧装置等。

（2）鼠标产生故障的原因及排除方法。

由于不同鼠标的工作原理不同，因此出现故障时的现象和原因也不尽相同。下面介绍几种常见的鼠标故障的原因及解决方法。

■ 鼠标光标移动不灵活

鼠标光标，多与使用的鼠标垫有关，光电鼠标对鼠标垫的颜色、反光率等很敏感。这时可将鼠标垫更换为专用的光标鼠标垫。如果是老式的机械鼠标，则多与鼠标内部卫生状况有关。将滚动轮进行清洗，再清理一下内部的污垢和灰尘即可。

■ 鼠标的驱动程序配置不正确

尽管Windows操作系统对常用的PS/2和USB接口鼠标提供了直接的支持，用户不需要安装任何驱动程序，但是如果在纯DOS环境下，或需要在Windows下发挥鼠标的全部功能，也需要安装鼠标的驱动程序。对于USB接口的鼠标而言，则必须在BIOS中，将相关的USB控制器开启。

■ 按键磨损

这是由于鼠标微动开关上的条形按钮与塑料上盖的条形按钮接触部位长时间频繁摩擦

所致，如果微动开关能正常通断，则说明微动开关本身就没有问题，此时可在上盖与条形按钮接触处刷一层快干胶，也可贴一张不干胶纸做应急处理。

■ 按键失灵

按键失灵多为微动开关中的弹簧片断裂或内部接触不良引起，这种情况须另换一只按键。另外，鼠标电路板上元件焊接不良可导致按键失灵，最常见的情况是电路板上的焊点长时间受力而导致断裂或脱焊。这种情况须用电烙铁补焊或将断裂的电路引脚接好。

(3) 打印机和扫描仪产生故障的原因及排除方法。

老杨告诉小黄，打印机和扫描仪也是计算机的输入/输出设备，打印机负责将计算机中的文档和图片等打印到纸上，而扫描仪负责将图片、文字等文档以图片的格式扫描并输入到计算机中。这两者出了故障一般不会对计算机本身的应用有太大影响，但是会影响正常的工作。

①了解打印机和扫描仪。

打印机和扫描仪对于个人用户来说意义不大，但是对于公司、企业等机构却是不可或缺的办公设备。下面讲解其相关知识。

■ 针式打印机

针式打印机（见图 7－9）主要由打印机芯、控制电路和电源 3 大部件构成。打印机芯上的打印头上有多个电磁线圈，每个线圈驱动一根钢针产生击针（或收针）操作，通过色带来打印纸，形成点阵式字符。

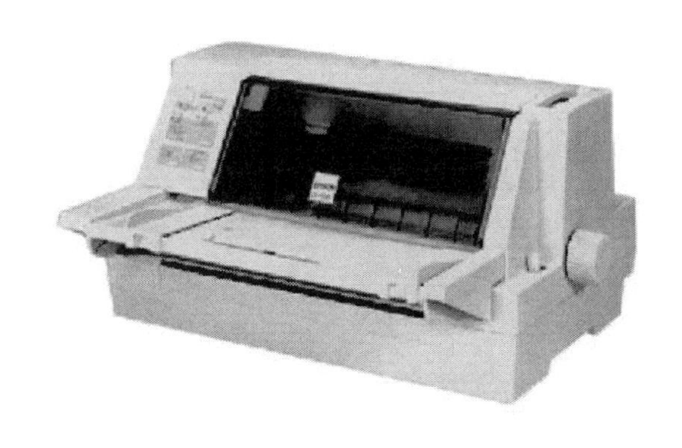

图 7－9

■ 喷墨打印机

喷墨打印机（见图 7－10）在打印图像时，需要进行一系列的繁杂程序。当打印机喷头快速扫过打印纸时，它上面的喷嘴就会喷出无数不同颜色的墨滴，从而组成图像中的像素。

■ 激光打印机

激光打印机（见图 7－11）是利用电子成像技术进行打印的，当调制激光束在硒鼓上进行扫描时，打印机按点阵组成字符的原理，是鼓面感光，构成负电荷阴影。当鼓面经过带正电的墨粉时，感光部分就吸附上墨粉，然后将墨粉转印到纸上，纸上的墨粉经加热熔

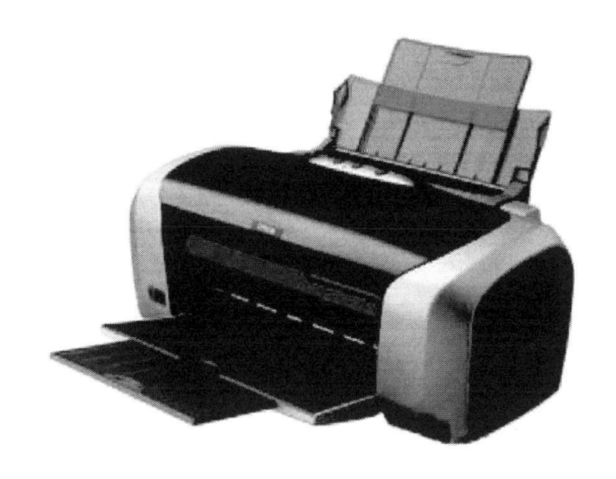

图 7－10

化形成永久性的字符和图形。

图 7－11

②扫描仪的工作原理。

扫描仪是计算机中功能的输入设备之一，它主要用于资料文件的扫描输入和图形图像的输入等。扫描仪的类型有平板式扫描、手持式扫描仪和筒式扫描等，目前使用较为普遍的是平板式扫描仪。

扫描仪内部基本组成部件是光源、光学透镜、感光元件和一个或多个模拟数字转换电路。在扫描时，光源照射到扫描对象后放射回来，穿过透镜到达感光原件，每一个电荷耦合器把这个光信号转换成模拟信号（即电压），同时量化出像素的灰暗程度，接着模拟数字转换电路再把模拟信号转换成数字信号进行保存，以完成扫描工作。

③处理打印机故障的一般步骤。

在排除打印机和扫描仪故障时也需要按照步骤来处理，两者的处理方法大致相同，下面以处理打印机常见故障的方法进行讲解。

■ 计算机故障阶段是否处于联机状态

在大多数打印机上，“联机”按钮旁边都有一个指示联机态的指示灯，正常情况下它应该处于常亮状态。如果该指示灯不亮或处于闪烁状态，则说明联机不正常，这时可检查打印机电源是否接通，电源开关是否打开及打印机电缆是否正确连接等。

■ 检查 BIOS 中打印机端口是否打开

BIOS 中打印机使用端口应设置为 Enabled 状态，早期的一些打印机不支持 ECP 类型的打印机端口信号，这时可将打印端口设置为 Normal，SPP 或 ECP＋EPP 方式。

■ 检查打印机线路

确保连接计算机和打印机的电缆两端都牢固，线路无损坏，能正常接收计算机传来的信号。

■ 检查是否设置为默认打印机

如果计算机中添加了多台打印机，则检查当前使用的打印机图标上是否有一黑色的小钩，如果没有，则右击打印机图标，在弹出的快捷菜单中选择“设为默认打印机”命令。

■ 检查是否中病毒

检测计算机是否中病毒，病毒也会引起打印机无法打印或打印出的内容混乱等故障。

■ 检查打印机驱动程序

在“设备管理器”中检查打印机是否与系统资源或其他设备冲突以及驱动程序是否错误，如果有错误，可重新安装驱动程序或安装最新驱动程序来解决问题。

■ 打印机测试页

检测打印机能否打印出测试页，如果能够打印测试页，那可能是使用的程序有问题。在 Word 或 CoreIDRAW 等应用程序中检查程序生成的打印输出是否正确。

■ 检查耗材

检查打印机是否有打印纸、墨盒和其他必需品，如打印机是否卡纸，粉盒、色带或墨粉是否需要添加等。

④打印机和扫描仪故障排除。

了解了打印机和扫描仪的工作原理并掌握了一般的故障排除方法后，便可对产生的故障进行分析处理了。下面具体介绍常见的打印机和扫描仪故障的排除方法。

■ 添加碳粉后打印机不正常

一台 HP1600 彩色激光打印机在刚添加碳粉时打印正常，可不久后打印的字迹越来越淡，打印纸表面有底灰，甚至还会出现黑色的竖痕。

打印机在工作时，铜材硒鼓点是依靠导电硅脂将电荷传输到各功能琨上的，这些硅脂在使用过程中可能挥发，而在填充碳粉的过程中，有些用户会认为它是杂质而将其擦掉。这样，当填充碳粉后使用一段时间，打印机内部的触点就会因导电硅脂减少而使导电性能变差，从而使得充电琨无法得到工作所需要的正常电荷，充电琨的电荷不足，会使打印出的字迹偏淡；送粉磁琨电荷不足，容易出现打印不均匀或黑道。要解决该问题，只需在触点上涂抹一些性能优良的专用导电硅脂即可。

■ 喷墨打印机不能打印某一种颜色

故障现象：在使用喷墨打印机彩色图像时，图像中的某一种颜色不能被打印机打出来。

故障排除：该现象应该是由墨盒中某种颜色的墨水耗尽造成的，可通过替换墨盒来解决。如果不是墨盒因素造成的，则可能是打印机喷头堵塞，这种情况可使用打印机的喷头清洗工具对喷头进行清洗，不过应适量，因为清洗喷头非常耗墨水。

■ 打印机打印乱码

故障现象：一台针式打印机只能打印几行乱码，重新启动计算机后问题依旧。

故障排除：该问题一般是由于用户向计算机发送了一个打印机命令，而计算机提交的打印作业有时会在打印管理程序中被堆积，造成系统处理忙碌，从而导致计算机向打印机发送一些混乱的数据而使打印机打印出乱码。虽然重新启动计算机后，打印管理器的打印作业看起来已经消失，其实这时打印作业依然存在，只不过 CPU 把它处理后存放在硬盘上，由硬盘直接经由内存发送到打印机。该故障的解决方法是：在控制面板中双击“管理工具”图标，打开“管理工具”窗口，再双击“服务”快捷方式图标，在“服务”列表中选择 Print Spooler 服务，并且停止此项服务，找到 C：Windows System32 spoolPRINTERS 文件夹，删除其中的所有文件，再重新启动 Print Spooler 服务，重新发送打印命令，这样一般问题就可以得到解决。

操作提示：打印乱码的其他可能。

排除了打印机自身的问题及上面的情况外，打印驱动程序和字体等方面的因素也可能导致打印乱码。所以安装正确的打印机驱动程序和相应的字体也是排除打印机乱码的主要方法。

■ 激光打印机打印卡纸

故障现象：一台激光打印机在打印时经常卡纸。

故障排除：估计是进纸通道和纸张质量方面的问题，可按如下方法进行处理：首先关闭打印机电源，打开打印机盖子，按进纸方向取下被卡住的纸张。再检查进纸通道，很可能是取纸辊磨损或弹簧松脱，压力不够造成的卡纸，最好是将其更换。另外，纸张质量不好，过薄、过厚、受潮，都有可能造成卡纸或不能取纸的故障。

■ 添加碳粉后还是提示缺粉

故障现象：为一台三星一体机 SCX－4520 激光打印机的硒鼓添加碳粉后，打印机还是提示缺粉。

故障排除：大多数打印机的硒鼓并不直接检测鼓中是否还有碳粉，而是依靠智能芯片上的计算器来确定硒鼓中是否缺粉。因此只要硒鼓打印到一定页数，即使还有碳粉，打印机也会提示缺粉。要解决这一问题，在添加碳粉时，必须更换智能芯片。但其实即使提示“墨粉用尽”之类的信息，还是能正常打印的，用户完全可以不必理会，正常使用直到打印效果不佳时再添加墨粉。

■ 扫描仪不能准备就绪

故障现象：打开扫描仪电源后，经过很长一段时间，扫描仪的 Ready（预备）灯一直不亮。

故障排除：先检查扫描仪内部灯管，若发现内部灯管是亮的，则可能与室温有关，先解决的办法是让扫描仪通电半小时后关闭扫描仪，一分钟后再将其打开，一般问题即可解决。若此时扫描仪仍然不能工作，则先关闭扫描仪，断开扫描仪与计算机之间的连线，将scan的值设置为7，约一分钟后再打开扫描仪。在冬季气温较低时，最好在使用前先预热几分钟，这样就可避免开机后Ready灯不亮的现象。

■ 扫描出的图像偏红

故障现象：一台扫描仪执行扫描后，扫描出的图像出现偏红的现象。

故障排除：可能是因为灯管自然老化或者频繁启动扫描仪造成灯管提前老化，或是急于扫描文件的原因。通常使用扫描仪时，可在扫描仪开机10分钟左右进行扫描，这样扫描质量会好些，而如果是灯管老化造成的问题，最好更换灯管。

■ 使用扫描仪时发出异响

故障现象：一台扫描仪，最近在执行扫描操作时老是会出现“咔咔”的异常响声。

故障排除：出现这种情况，首先检查是否将扫描仪的锁打开了，该锁的作用是固定扫描车，避免运输和搬动扫描仪时损坏灯管等组件。如果锁未打开或无意间关闭，扫描仪工作时会因电机和皮带受到阻力过大而打滑，并可能损坏电机或皮带。另外，在长期使用中，扫描仪皮带上的齿也可能被磨损或断裂，皮带自身也可能变长或失去弹性，因打滑而发出声音。而扫描车自身的润滑也不容忽视，在使用中，由于导轨润滑油挥发、灰尘进入等原因会使其润滑变差，导致扫描车走动时发出异响并增加皮带打滑的概率，因此要定时清洗并为扫描车导轨添加润滑油。如果是轨变形、生锈或被严重磨损也可能发生此类现象，这就需要更换皮带或导轨，并为导轨润滑油。

■ 扫描仪扫描来的图像不正常

故障现象：扫描仪已按正确步骤进行安装，但是执行扫描操作之后，扫描出来的图像不正常。

故障排除：可先将扫描仪的盖板打开，执行预扫命令，观察扫描仪的灯管是否移动卡住滑杆。然后检查扫描设置是否正确，是否将反射稿当作正负片来进行扫描。如果通过以上检查使用还是不正常，最好将扫描仪送去维修。

【任务检测】

(1) 由于成像原理的不同，磁场对CRT显示器的干扰很明显，而________一般不会受磁场干扰，所以CRT显示器在使用一段时间后需要手动对其消磁，以保证其显示质量。

(2) 维修LCD显示器需要很强的专业性，通常只有专业人士才能维修，所以如果出现一些物理或________方面的故障，只能到专业维修点去检修。

(3) 当移动光标电鼠标时，位于鼠标内部的透镜进行聚焦，然后从底部的发射口向下发送一束红色的光线照射到桌面上，内部感光元件通过桌面不同或凹凸点反射来捕捉位移信号，然后再将这种信号转移为电脉冲信号，最后通过________的处理和装换控制屏幕上的光标箭头的移动。

（4）有些键盘在使用过程中会出现________的情况。即在同时按下某些键时，其他键就会失去作用，所以在购买时应注意测试，避免买到这类键盘。

（5）除了打印机自身的问题及上面的情况外，________和字体等方面的因素也可能导致打印乱码。所以安装正确的打印机驱动程序和相应的字体也是排除打印机乱码的主要方法。